CADRANS DU SOLEIL

Maquette : Gérald LAINE

I.S.B.N. : 2-86276-087-0

Photographies P. Ricou / Texte J.M Homet

CADRANS DU SOLEIL

Les cadrans peints
des Alpes à la Méditerranée

Préface de P. Lieutaghi

EDITIONS JEANNE LAFFITTE

A toi un instant suffit
pour rassembler l'éternité.
P. LIEUTAGHI.

PREFACE

Il est presque deux heures au cadran de Névache. On est en juillet. C'est le mois des épilobes. Au fond de la vallée, le torrent est calme : il a descendu le plus gros des neiges.

Il y a sûrement un rouge-queue sur le faîte d'un toit, et son bruit agaçant de verre pilé.

Personne n'est venu recueillir la perle de tous les possibles au fond de la feuille d'alchémille. Alors le soleil l'a bue, et tout de suite convertie en or.

Les troupeaux sont très haut sur les pentes. On ne les entend pas à cette heure. Un camion peine du côté des chalets du Verney. Au col du Chardonnet, le nerprun nain de cent ans, plaqué à la roche, espère bien s'allonger encore de deux ou trois millimètres avant les froids. Les randonneurs ne l'ont pas vu.

Au bord de la Clarée, une motofaucheuse rouge attend la fin de la sieste.

Sur le mur, le lent passage de l'ombre dénombre la rumeur du jour.

C'est le moment où Pierre Riccu, photographe, rencontre le temps lui-même.

On peut photographier un cadran solaire et ne rien saisir du temps. Pierre Ricou a d'abord vu le temps autour de la rose des heures. Il l'a recueilli comme pollen et c'est maintenant ce qui nous féconde le regard. L'œil du professionnel ? davantage : la ferveur.

Son image est depuis des mois sur la cheminée, à côté d'un visage de Piero Della Francesca. Une simple carte postale mais comme une fraternité de calme allégresse avec l'ange musicien : il peut suffire de se laisser aller au bonheur arrêté entre les fleurs diffuses, au bord de la dilution dans le jour, et la façade à peine rugueuse (où la lumière oblique révèle toute une pétrification de *gestes attentifs à couvrir, à lisser, mais aussi à prévenir la surdité d'un mur offert pour très longtemps aux murmures du soleil). La jeune fille de Vermeer, celle qui lit une lettre, ne vient-elle pas de passer devant ce beau mur d'un gris palpitant, dans cette lumière palpable ?*

C'est plus qu'une image parmi tant d'images. C'est un nouveau passage offert à l'émotion, où le savoir de la beauté résonne longtemps, rencontre des cordes encore jamais touchées, s'amplifie. C'est une œuvre juste. Un léger vertige y rassure la sérénité.

Jusque-là, on pourrait avoir ignoré l'objet du cadran, simple présence claire, très lumineuse et en même temps quasi-funèbre avec ses marges noires à peine allégées par l'arrondi supérieur. Tache blanche dont la seule fonction est d'organiser la photographie autour de son tracé austère.

Les accords s'apaisant, le rythme vient. Il entraîne les fleurs, le mur, l'image dans l'image vers leur unité miraculeuse. Il apparaît à peine, en bleu, comme un déséquilibre essentiel : l'oblique des ombres, les barres de mesure du temps.

Tout converge alors vers l'étoile à six branches, centre d'un balancement, d'une giration affirmés de surcroît par le chemin aux neuf jalons tout préparé pour l'ombre. L'étoile, image virtuelle du grand ordonnateur extérieur à l'image, du régisseur assez subtil pour accorder l'évanescence des fleurs à la douce et rauque tonalité du crépi, à la normalité du temps des hommes.

Et s'élaborent sous nos yeux le présent de la lumière, un passé (ainsi la neige, qui aurait pu masquer le bas du cadran, délaver ses volutes naïves) et un devenir où s'envoleraient les beaux fruits plumeux de l'épilobe, où les volets clos s'ouvriraient peut-être.

C'est important qu'il n'y ait pas de devise au cadran, pas d'arrêt sur image. Le texte du temps simplement offert, brut, à toutes les lectures, déjà compris par l'épilobe, saisi dans la page de la photographie qui s'est arrêtée là où il n'y aurait jamais de contre-jour.

Une photographie qui montre le temps lui-même, le temps à peine vêtu de fleurs et de lumière. Le temps simplement là, sous nos yeux si capables de larmes et cette fois témoins du bien-fondé de la joie.

Une image d'un livre qui ouvre les yeux sur les floraisons du temps, aux murs et dans la parole des hommes, qui invite à sortir de l'ombre, à prendre chaque matin le parti du jour.

P. L.

1/ NEVACHE

VOYAGE A CONTRE-NUIT

A G.F.Z.,
braconnier du temps

Nous allions sur les pas du jour, insoucieux de nos ombres que les chardons blessaient. Nous traversions des villages clairs où refleurissaient des glycines. La plupart des maisons étaient fermées. Des enseignes qui s'écaillaient disaient qu'autrefois on cuisait du pain, on vendait du fil et du Bouillon Kub. Dans un hameau, l'absence était devenue menace aux volets de l'école déguisée en villa : « Attention. Pièges. Danger de mort ». On entrait dans un temps où les maisons montraient les crocs. Rares étaient les fermes véritables d'où surgissaient des meutes de chiens noirs, sales, bouclés comme brebis. La peur poussait avec le gazon et le cyprès bleu. Parfois un écriteau prévenait de la méchanceté d'une bête qui devait passer là ses vacances, avec les maîtres.

On s'arrêtait où la vie d'avant, à peine assoupie, encore attentive au glissement des heures dans les cours, s'efforçait de démentir l'abandon avec une treille taillée de l'année, une belle unisson d'ortie au pied des étables désertes, un lis bientôt épanoui dans un chaudron fendu. On s'appuyait au muret des jardins envahis d'armoise où des poireaux oubliés s'étaient souvenu de fleurir, révélant un proche passé domestique sous la bourre des graminées. On cueillait un rameau d'une sauge qui n'appartenait plus qu'aux abeilles.

On voyageait dans le temps. Quelquefois, on se disait qu'un chemin allait finir par nous prendre au mot et nous faire passer pour de bon dans une autre fin de printemps, d'avant ou de plus tard. Car les villages où nous passions — ceux qui n'avaient pas encore basculé vers maintenant sous le poids de l'ostentation et de la hargne — étaient pareils à des esprits perdus aux frontières incertaines de la vie et de la mort, entre un temps que sa lenteur avait condamné et un temps que sa hâte allait peut-être détruire.

C'est à P. que nous avons vu le premier cadran solaire. Muet : l'axe de fer manquait. De la devise, le soleil et la pluie n'avaient conservé qu'un mot : Patientia.

La maison bise avait grandi avec les années. On reconnaissait l'ancienne arête d'un pignon au milieu de la façade. Ecarté par un auvent couvert de cette renouée à grappes blanches qu'on appelle « voile de la mariée », dans le pays, le grand jour ne devait plus toucher le cadran qu'aux abords du crépuscule. Et peut-être fallait-il voir une attention déférente à l'égard du soleil dans l'absence d'un style désormais dépourvu d'utilité. On ne remet pas inconsidérément aux mains de l'ombre ce qui a manifesté aux yeux de tous les prérogatives de la lumière.

Trace du temps d'un autre temps : le vestige de cadran de P. témoignait de cette mesure patiente du monde dont notre cheminement avait déjà rencontré tant de marques encore déchiffrables, de la treille enracinée dans les automnes aux longs murs de pierre sèche malmenés par les chèvres et la ronce. Mesure qui ponctuait la vie sans comptabiliser la durée des actes, qui faisait qu'on pouvait passer trois heures à réparer des sabots ou trois ans à bâtir une terrasse, sans penser une seule fois qu'on risquait de perdre du temps. *C'était bien l'oubli de ce temps-là au profit de l'heure, le fractionnement des vies désormais tenues d'être accordées à la cloche ou aux aiguilles, qui avaient appris le dérisoire, le doute sur les vertus de la patience. Un chronomètre au bras, nul n'aurait jamais remonté le torrent, abattu le premier mélèze, creusé le premier drain des futures prairies de montagne, supporté l'insupportable neige. Avoir le temps, c'était donc avoir le temps avec soi. Le temps compagnon, parfois complice. Et même s'il fallait parfois se battre contre lui, quand l'orage menaçait ou que l'hiver venait trop vite, ce n'était pas l'ennemi quotidien que nous affrontions, nous, dès le matin, qui prenait la voix enjouée des speakerines ou celle, vrillante et décharnée, de l'électronique.*

Mais le cadran de P. disait autre chose que les aléas de la perception et de la mesure du temps. C'était en lui-même une sorte d'écueil léger où le regard venait s'ouvrir profondément. C'était l'émergence d'un autrefois du temps lui-même dans notre temps, ou plutôt une sorte d'ancre flottante perdue par les anciens navigateurs de ce village sur les houles d'un temps où il fallait bien tenir son cap, prévenir la dérive dans un terrible courant aussi bien charrié par le ciel profond d'entre les montagnes que par les regards et le sang des hommes. Et maintenant leur bateau à eux avait sombré, s'était englouti dans le temps. Derrière l'église, la petite flotille des canots de sauvetage trop lourdement lestés de schiste, mal gréés de zinc et de perles, les avait-elle conduits vers les eaux calmes que chaque dimanche leur promettait et leur rendait à la fois plus inaccessibles ? Ils étaient si lourds de péchés, il coûtait si cher, le maigre bon temps dérobé sur les bords de ce temps-maître qui pouvait bien s'écouler quelquefois sans eux !

Nous étions entrés dans la montagne et c'était de nouveau avril. On s'était pris au jeu du temps. On recherchait son sceau modeste que les façades portaient maintenant en nombre. On rassemblait nos bribes de lettres latines pour essayer de comprendre les maximes inventées par ceux qui se disaient fondés de pouvoir de l'éternité et qui, souvent, ne savaient plus distinguer l'espérance de l'effroi, ni la consolation de la menace. On découvrait la spéculation sur le temps mais aussi l'envie de paix, l'attente d'un peu plus de justice, jusqu'au souhait de l'égalité enfin attestée par la mort. Tout ça dans le soleil de cet avril de juin qui bouleversait la montagne. Et notre connivence de vivants avec les folles fleurs allait jusqu'à nous faire sourire du maigre pétale d'ombre qui prétendait contredire le printemps sur les murs fatigués.

A.V., où l'on est presque au bout du monde, un cadran détient peut-être une clef. C'est un cadran gai, fantaisiste même, avec deux oiseaux qui picorent les heures, un toucan à gauche et un gobe-mouche à droite (les noms sont écrits). L'œuvre, qui semble se moquer un peu d'elle-même, est signée « G.Z.F., 1840 ». La devise n'est pas du style remonte-pente : Je mesure le temps, image mobile de l'immobile éternité.

On reste un bout de temps (un bout de temps) devant la peinture délavée. On a envie de sourire à quelque chose entre nous et le mur qui pourrait bien s'appeler, quoi au juste ? clarté, insouciance ? C'est comme un vertige rassurant : si on tombe, ce sera de toute façon dans le jour. Il passe des voitures, un avion, une camionnette d'épicier. Des vaches qui ne sont pas encore sorties cette année meuglent leur envie de prairie. L'auge de bois n'en peut plus des débordements de la fontaine. Un toucan dispute une pigne aux casse-noix criards. Quelqu'un a jeté des mots dans le lac sans fond et des ondes progressent, rencontrent celles que fait le vent des sourires vivants, déforment les reflets, fabriquent des mondes à l'envers, des avenirs oubliés, des passés possibles. Ou est-ce tout simplement le trouble d'une larme, l'ivresse de la légèreté retrouvée ?

Il est presque midi au cadran de V. où G.Z.F. a gravé ses initiales, confiant, sur l'écorce mince du temps.

La leçon de choses, tu te rappelles ? Le bouchon qui n'avance pas, qui ne fait que se balancer, monter et descendre, au passage des ondes sur le bassin. Ainsi du temps ? Un train d'ondes, la fréquence d'une permanence infinie ? Et nous-mêmes habitants d'une ride et ballotée par elle en surface de l'immobile éternité ?...

Tu dis : « Allez, viens. Tout ce que tu sais du temps, c'est ce que tu redoutes de toi-même. On n'a pas fini les villages et le jour, lui, n'est pas éternel. »

Très haut, à St-V., un aigle venait de se rappeler le goût de la marmotte au sortir de l'hiver. Deux autocars dégorgeaient un pèlerinage éberlué. L'absinthe oubliée faisait le siège du café-tabac. Chez Marie, c'était fermé, sauf à l'amitié : on partagea les œufs-cocotte à l'oseille sauvage.

« G.Z.F. » était aussi passé par là avec son oisellerie, en 1840. Le temps de capturer le temps sur le soubassement d'un chalet, entre un porche et un balcon. Un peu bâclé, son faux-marbre rouge, mais deux beaux oiseaux échappés d'une broderie roumaine, anonymes cette fois, guettent l'éclosion des heures. La devise latine avait le mérite de permettre le mot à mot : Que chaque heure du jour te trouve travaillant pour l'éternité.

Pouvions-nous aller plus avant ? Le temps des plaines était déjà tendu à se rompre dans notre dos, et c'était notre temps.

Mais allions-nous vraiment travailler pour l'éternité ? Avions-nous des comptes à lui rendre ? A moins que ce ne fût de son goût, la nouvelle envie que nous rapportions de ne pas nous en laisser conter sur une mobilité redoutable du temps, d'affirmer le bonheur de notre pauvre petite danse de bouchons perdus. Parce qu'il y avait toujours la chance d'une aile de mouette, et le matin des lis sous la fenêtre, et la treille apprêtée pour octobre, et le « danger de mort » des panneaux rouges et blancs qu'il fallait essayer de convertir en risque de vie. L'éternité ? Eh bien, on verrait.

On descendait donc vers les vallées avec lenteur. Il restait encore beaucoup à apprendre de l'alchémille qui venait juste d'arrondir ses éventails, et aussi du rocher encore tout griffé du passage des glaces, sept ou huit mille ans plus tôt. Mais ça ne faisait rien : on continuait notre danse du temps sur l'immobile éternité, et quelqu'un nous clignait de l'œil.

Quelqu'un qui montait à notre rencontre, précédé d'un bruit de cloches, et qui nous a croisés sans nous voir. Un homme et un mulet bâté, l'un et l'autre fatigués. Belle gueule de petit brun bouclé, aux yeux clairs, favoris un peu épais, anneau d'or à l'oreille. Bottes noires (usagées). Chapeau noir sur le dos. Grosse veste gris bleu à parement ocre. Ceinture de flanelle rouge et ceinturon à boucle. Pipe en terre et couteau (sérieux) dans la poche. Siffle un air un peu faux, rapide, avec beaucoup d'ornements, genre tarentelle revue par la fauvette. Regard tendre et vif avec, au fond, comme une envie de rire d'un tas de choses, des bottes poussiéreuses qui avancent tranquillement mais qui commencent à en avoir assez, du village encore lointain d'où les fumées se mettent à descendre avec l'air frais du soir, de lui qui remonte encore une fois là-haut avec sa tarentelle et ses outils. Ses outils de maçon sur le dos du mulet. Ses pots à couleurs et ses pinceaux. Ses livres. Ses images dans les livres et dans sa tête. Son passeport en règle (d'ailleurs, quel gendarme ne le connaît pas à dix lieues à la ronde autour de Briançon, ne lui crie « Oh, Zarbula » quand il passe les octrois). Son nom : Giovani Francesco Zarbula. Piémontais. En France depuis 1830, ou à peu près. Emigré carbonaro ? sans doute. Maçon, peintre en bâtiment. Franc-maçon ? probablement (certains de ses cadrans en ont l'emblème). Passion ? une espèce de chasse, comme il dit. Un piégeage. Gibier ? pas des moindres : « j'attrape le temps » assure en riant G.F.Z. (qui signe aussi bien G.Z.F. ou Z.G.F.).

Une fois, à l'auberge, un peu gris, il raconte que ce qui lui plaît surtout, c'est de voir l'ombre se confondre avec les flèches des heures : « il croit qu'il va pouvoir nous clouer sur place, comme ça, mais je l'oblige à aller plus loin, dans le blanc, à rencontrer une petite flèche qui le vise, lui, et il a peur, il est bien forcé de filer. Et il nous tire une autre flèche et il nous rate encore, Madona ! Il nous rate encore une fois ! Bien sûr, il y en a une un jour qui part pour de bon. Il nous touche. On meurt. On ne peut pas gagner à tous les coups. Mais il a tellement de cœurs à viser, le temps : on a ses chances jusqu'au bout. Jusqu'au moment où on rencontre son temps à soi, d'ici (il se frappe le cœur). Moi, c'est de ce temps-là que j'ai envie de mourir. L'autre, c'est juste pour faciliter la vie ».

Le Zarbula, on ne comprend pas tout ce qu'il dit. Ce qui est sûr, c'est qu'il peint de beaux cadrans. Et en quarante ans, tu imagines combien il en a fait. Quand on en a un sur sa maison, c'est comme un morceau d'été qui reste là toute l'année, même quand il neige. Et ses oiseaux, d'où est-ce qu'il tire ça ? On dit qu'il les copie sur un livre. Il sait lire. Il n'a pas toujours été maçon. Qu'est-ce qu'il faisait en Italie ? Va savoir. Un jour à Ville-Vieille, tiens, voilà qu'il se met à peindre, devine quoi, tu ne trouveras pas : un jabiru. Va voir, c'est écrit dessus. Le Simon, celui des Fraches, qui passait par là, lui crie : « Oh, Giovanni, pourquoi tu nous fais pas un oiseau de chez nous, je sais pas, une bartavelle, un coq de bruyère, quelque chose qu'on connaît, quoi ? » Et tu sais ce qu'il lui répond, le Zarbula : « A quoi ça sert que je te fasse une bartavelle, tu en chasses tout l'hiver. Celui-ci, tu le mangeras pas aux choux, il va se mettre à voler dans ta tête ! » Voilà comme il est.

Oh Giovanni Francesco, tu chantes comme un fou sur ton échelle et la rose des heures s'ouvre doucement en rouge et jaune sur la maison de Jules Caire, à La Salle, où il te reste encore à écrire sans ta clarté et ta chaleur nous n'aurions ni heures ni fleurs. *A.V., in lucem omnia vana ne t'incite pas plus au silence. Tu as ton recueil de devises, le client choisit. Toi, tu fourbis tes flèches en chantant des tarentelles, et le curé soupire, et l'éternité te fait les gros yeux.*

*Peut-être que tu es tombé de l'échafaudage à la fin d'*Ultima Necat, *dans un grand envol de jabirus et de toucans. Le temps, aussitôt, a regretté sa vengeance. Et maintenant il court une onde nouvelle à la surface de l'éternité, une onde vaste comme ton rire de vivant.*

Pierre LIEUTAGHI.

2/ VALLOUISE

NAISSANCE DES CADRANS PEINTS

Les cadrans peints font une apparition tardive. Ceux de l'Antiquité et du Moyen-Age sont tous sculpés dans la pierre ou le marbre. Exposées aux intempéries, ces images pour le soleil vivent sous la menace du ciel et des hommes. Les premières fresques sont trop fragiles pour résister aux variations de température, à la brûlure de midi, aux morsures de l'hiver.

Les premiers cadrans peints n'apparaissent qu'à la fin du XVe siècle et aujourd'hui, ne sont plus que des traces colorées à même la pierre. Celui d'Avignon, sur la façade du « Petit Palais », n'est qu'une ruine émouvante, ignorée des touristes. Un regard attentif permet de distinguer les ailes d'un ange, un visage : il s'agit sans doute d'une « Annonciation », annonçant l'heure du salut et l'heure de la vie. On peut croire à l'inspiration lointaine, deux siècles après, d'un Simone Martini. Sur le beau clocher roman de Saint-Rémy, un artiste anonyme a peint un cadran solaire qui n'est plus qu'une relique de couleurs. Les grandes fresques destinées à l'heure apparaissent au cours du XVIIe siècle, grâce aux travaux du Père Kircher qui met au point la construction d'un cadran intérieur, dont il donne le principe dans un ouvrage publié à Avignon en 1635 et intitulé : *« Primitiae gnomonicae catoptricae »*. Par un jeu de miroirs, ce savant renvoie les rayons du soleil et même de la lune sur les murs d'une pièce intérieure du collège des Jésuites de la cité des Papes, édifié quelques années plus tôt par le Père Martellange. La mise au point du cadran, la peinture des murs destinés à recevoir l'image du soleil durent deux ans. L'ensemble forme un chef-d'œuvre d'art et de science devant lequel s'arrêtent tous les visiteurs saisis d'étonnement et d'admiration.

La gnomonique a trouvé son maître. Diverses courbes donnent l'heure non seulement d'Avignon, mais encore de Rome et de Jérusalem, tandis qu'une table de corrections indique les heures de la nuit grâce aux projections lunaires.

Aujourd'hui encore, des traces de peinture, apparaissent dans cet escalier devenu une partie de la nouvelle bibliothèque municipale d'Avignon. La restauration qui s'impose, semblerait envisagée. La réussite du Père Kircher fait école : dix ans plus tard, en 1646, le Père Maignan, originaire de Toulouse mais familier du couvent des Minimes d'Avignon, rédige et publie sa fameuse « *Perspectiva horaria* » dans laquelle il perfectionne encore la théorie gnomonique précédemment élaborée. Il propose divers schémas de construction de cadrans solaires intérieurs peints à la fresque et réalise un de ses projets au couvent des Minimes de la Trinité des Monts à Rome. Une fois de plus, le succès est considérable. En 1687, le Père Bonfa, également d'Avignon, fait peindre un splendide cadran pour l'escalier monumental du collège de Grenoble. Comme celui de Kircher, il donne l'heure locale, celles de Rome, de Jérusalem. Son iconographie est complexe. Il est aujourd'hui bien restauré et parfaitement visible dans l'actuel Lycée Stendhal.

Désormais, les cadrans pourraient trouver leur place dans la conception du décor intérieur, mais en même temps, diverses améliorations techniques rendent possible la réalisation d'enduits colorés, résistants et durables. Le cadran peint concurrence à l'extérieur la plaque de marbre ou le décor sculpté. Dès la fin du XVIIe siècle, ces tableaux se répandent sur les façades. La Cathédrale d'Aix-en-Provence offre un des premiers exemples avec son cadran octogonal polychrome, datant de l'année 1673.

L'apparition de crépis à base de chaux pure et éteinte, avec du sable bien lavé, séché et mélangé à la poudre de marbre, permet de fixer de nouvelles peintures, non dénaturées par la lumière, éliminant les couleurs d'origine organique trop fragiles par l'utilistion systématique du blanc de chaux, du noir de charbon, des ocres, des terres de sienne, du cinabre, des cadmiums, des cobalts, des laques de garance cramoisie. Les progrès de la chimie, l'évolution des techniques picturales rendent possibles ces peintures murales, exposées tour à tour aux variations de lumière et aux intempéries.

Le cadran peint prend son essor, mais reste localisé dans des zones géographiques bien précises : le Nord de l'Italie, le Sud de l'Allemagne (La Bavière), l'Autriche ; deux régions sont particulièrement riches : le Tyrol (environs d'Innsbruck) et les Alpes françaises avec le Queyras et le Briançonnais.

A elles seules, les deux villes de Saint-Véran et de Briançon en comptent plus d'une douzaine. Le décor le plus prestigieux appartient à l'église Notre-Dame (photos 4 - 5), dans la capitale du Briançonnais. A peine la collégiale est-elle achevée, qu'un artiste d'origine italienne, aidé d'un Ingénieur du Roi, féru d'astronomie entreprend le magnifique cadran sur la tour gauche de la façade. L'un et l'autre travaillent à plusieurs dizaines de mètres au-dessus du sol, sur un solide échafaudage. L'œuvre est achevée en 1719.

Ce cadran d'esprit baroque, régulièrement entretenu depuis plus de 250 ans, a gardé toute sa fraîcheur. Celui du Pelvoux, construit trois ans plus tard présente toutes les caractéristiques de l'art rococo : goût des courbes et des contre-courbes, arabesques, raffinement extrême, délicatesse des formes. Il est peint à la terre verte et cette monochromie douce accroît son élégance (photo 11).

Le XVIIIe siècle commence bien, mais il n'est pas encore le grand moment du cadran peint. La date de réalisation étant habituellement notée, il est possible de se livrer à des études

comparatives. Une statistique portant sur un échantillon représentatif de deux cents cadrans peints sélectionnés dans la région des Alpes à la Méditerranée permet de conclure que cinquante pour cent d'entre eux sont implantés entre 1830 et 1860.
Cela peut paraître surprenant de prime abord car paradoxalement, c'est à l'époque de l'horlogerie triomphante et de l'unification horaire que le cadran peint connaît sa plus grande vogue.

Plusieurs raisons expliquent l'ampleur de cette diffusion tardive. L'ouverture de la montagne sur le monde extérieur se réalise avec le chemin de fer. Pendant longtemps, les Alpes, qui sont restées des régions isolées, refermées sur elles-mêmes, font peur aux étrangers. Des lettres, des textes évoquent l'effroi, l'angoisse des voyageurs aux abords du Queyras ou du Briançonnais. Les natifs du pays, eux, savent se passer d'objets sophistiqués pour la détermination de l'heure car ils utilisent les « cadrans naturels » en notant les instants du jour par l'ombre des sommets. D'ailleurs les bergers d'aujourd'hui peuvent encore donner l'heure d'un simple regard sur l'horizon des monts. Au milieu du XIXe siècle, la chaîne alpine cesse d'être une barrière, pour devenir un lieu de séjour, de repos. Or, les nouveaux venus, ceux qui vont et viennent, sont incapables de lire le temps dans le paysage. Il leur faut un outil : horloge ou cadran. La première, d'entretien difficile, n'aime pas les variations thermiques, en revanche, le temps du soleil ne se dérègle jamais. Le cadran est donc fait pour le voyageur, c'est un service qu'on lui rend, d'où son implantation sur les auberges et à la croisée des chemins. Certaines devises justifient pleinement cette explication :

« Les pèlerins passent comme le temps », Saint-Geoirs (Isère).
« Voyageur, salut, regarde l'heure », Tarze de St-André-en-Royans (Isère).
« Voyageur, hâte-toi, il est plus tard que tu ne penses », Noyarey (Isère).
« Courrier avance, car il est plus tard que tu ne penses », Têche, 1787 (Isère).
« Passant qui que tu sois, arrête-toi ici et bois », Auberge de Lans, 1850 (Isère).
« Arrêtez-vous ici : n'allez pas plus loin », Auberge de St-Rambert (Isère).
« Faisons notre chemin honnêtement comme en pleine lumière - Plan de Grasse, 1818 (Alpes-Maritimes).
« Passe, passant », St-Romans (Isère).
« Passant, dépêche-toi
Ne fais pas comme mon aiguille
qui se plante et ne bouge plus
qu'avec l'aide du soleil »
Tourettes-sur-Loup (Alpes-Maritimes).
« Vous qui passez, souvenez-vous en passant
Que tout passe comme je passe »
Villar-St-Pancrace, 1773 (Hautes-Alpes)

Dans un second temps, le cadran se développe pour tous. Il rencontre dans le Sud de la France, entre les Alpes et la mer d'excellentes conditions climatiques et un terrain culturel très favorable. En effet, l'école qui s'est largement diffusée plusieurs décennies avant la loi de Jules Ferry donne à chacun la possibilité de lire l'heure et de comprendre les rudiments de la science dite gnomonique. A ce renouveau culturel s'ajoute la présence de commanditaires ou d'artistes qui vont jouer un rôle de premier plan dans la diffusion du cadran solaire au milieu du XIXe siècle.

LES LIEUX DES CADRANS PEINTS

Né sur les églises, introduit au XVIIe siècle à l'intérieur des palais, le cadran peint gagne les façades au temps des « lumières ». D'abord placé comme un signal à l'endroit le plus visible : cathédrales, mairies, beffrois, édifice de prestige, conçu comme un service public, le cadran se privatise dans la seconde partie du XIXe siècle. Il envahit les lieux clos, les cours et les jardins. Cette pénétration marque une évolution des mentalités, une nouvelle conception des relations humaines. Le XVIIe siècle baroque qui a le goût de l'ostentation, trouve dans le cadran peint un moyen d'afficher publiquement ses armoiries, sa devise, ses goûts, son message. « Chacun voit midi à sa porte » mais tente aussi d'imposer son midi à la collectivité. Le cadran est placé bien en vue, au-dessus du vantail, dans les façades sur rue. Au temps de la bourgeoisie montante qui cache sa fortune et grandit derrière ses murs, l'usage familial se répand. Le cadran, tracé à l'abri des regards indiscrets sur la maison ou ses annexes, participe avec les fleurs, la verdure, la sculpture, au décor du jardin. L'inventaire est difficile : il faut sonner aux portes... et se faire ouvrir !

Il est possible de se livrer approximativement à des comparaisons et d'estimer sans trop d'erreurs les diverses répartitions des cadrans. A partir d'un échantillon de deux cents d'entre eux, on aboutit aux conclusions suivantes :

48 % des cadrans peints, le sont sur des maisons villageoises, des fermes ou leurs annexes. Ils sont destinés à l'usage familial et privé.

15 % seulement décorent les façades d'églises ou leur clocher. Ils sont bien en vue, d'un format important, ils renseignent les fidèles, les gens du bourg et ceux qui passent.

10 % servent d'enseigne à des auberges, hôtels, cabarets. Ils s'adressent de préférence aux voyageurs.

5 % ornent les presbytères. Ils sont souvent l'œuvre du curé dont ils prolongent en silence la prédication. Leur devise est importante, elle porte la marque d'une culture latine, savante.

5 % sont peints sur la façade de la mairie. L'heure de la ville et celle de l'église peuvent être en concurrence, tout au moins par la richesse décorative.

5 % s'affichent sur les châteaux. Avec la devise, les armoiries, ils traduisent la noblesse du propriétaire, son souci d'évergétisme et de mécenat, son penchant pour les sciences mathématiques.

5 % agrémentent les édifices publics : sous-préfecture, lycées, casernes, douanes, palais de justice... Ils donnent souvent l'heure légale, avec la courbe de correction de temps moyen.

4 % veillent en silence sur les murs des couvents et des cloîtres. Dans le recueillement, ils marquent avec précision les différents moments de la prière individuelle ou collective. Ils sont souvent peints sur deux ou trois emplacements différents pour mieux suivre le soleil dans sa course, de son lever à son coucher.

Les derniers 3 % occupent les positions les plus variées : moulins, études de notaires, commerces divers.

Toutefois, cette répartition est légèrement faussée pour les cadrans des maisons individuelles qui sont les plus difficiles à retrouver. La proportion déjà considérable de 48 % (96 sur 200) doit être un peu amplifiée dans la réalité en raison de l'extraordinaire floraison du cadran peint sur les fermes et sur les demeures bourgeoises dans la seconde partie du XIXe siècle. C'est un trait caractéristique des régions des Alpes à la Méditerranée. Ceux du bassin parisien n'obéissent pas aux mêmes règles de répartition. Dans la capitale, 90 % d'entre eux sont placés sur des édifices publics ou religieux.

Dans les Alpes, paradoxalement on peut remarquer que les écoles communales qui ont joué un certain rôle dans le développement du cadran, en sont pratiquement démunies (2 sur 200). Ce résultat est un peu déconcertant d'autant que la gnomonique est un outil pédagogique très remarquable.

Cette étude comparative a également le mérite de mettre en relief la variété des implantations. En fait, aucun lieu n'est vraiment privilégié, ni totalement exclu. Seules les devises et l'iconographie ne tiendront pas le même langage, selon l'environnement du cadran. La diversité ne se limite pas au lieu de fixation. Le cadran bouge et fait bouger les façades. Il s'éloigne de plus en plus des axes de symétrie, pour rechercher des positions excentrées, parfois excentriques. Il rompt la monotonie, provoque des effets de surprise, des ruptures bénéfiques dans l'ordonnancement du mur. Les architectes ont compris tout le parti qu'ils pouvaient tirer d'un beau cadran peint pour jouer de l'ombre et de la lumière, pour canaliser le regard, ou pour détourner l'attention. Parfois la façade devient une véritable cimaise, destinée à l'accrochage des cadrans peints.

Sur les églises, le mouvement vers la diversité est analogue. Il faut parfois contourner la nef ou le transept pour découvrir le cadran sur les portes latérales, le chevet ou le clocher. L'église de Saint-Véran en est un modèle, avec ses grandes fresques horaires sur le collatéral droit et sur la partie extérieure du chœur donnant sur le cimetière (photo 39).

En réalité, tous les emplacements sont possibles. Né pour la porte, le cadran a gagné les fenêtres, les angles de murs, les cheminées. Il peut se mettre à l'horizontale ou à la verticale et depuis le XVIIe siècle, il n'est même plus condamné au Sud, car les progrès de la gnomonique permettent toutes les expositions, à l'Est comme à l'Ouest ; entre les deux, il change de nom, d'oriental il devient occidental, de déclinant il passe inclinant, sa configuration change un peu mais il reste le même, seul « Le ciel est sa règle », comme disent bien des devises.

LE LANGAGE DES CADRANS

Le cadran est silence, tout au moins en apparence, car il dit plus qu'on long discours. « Je parle sans dire mot » - « Je parle sans langue, et je marche sans jambes », disent les cadrans du Puy-St-Pierre (1885 - Hautes-Alpes), de Maladière (Route de Vinay à Saint-Marcellin, Isère). Chaque cadran se définit comme une parole qui peut être humoristique : « Cadran solaire et faux amis parlent tant que le soleil luit » ; énergique : « En silence, il stimule le paresseux » (Goult, Vaucluse). Parfois, elle se veut infaillible : « Le cadran exprime les ordres que Dieu envoie à la terre » (Faïence, Var), « Je ne saurais tromper » (Grasse), ou modeste : « Sans soleil je suis silencieux », « Par moi est révélé ce qui m'échappe », « Ce que j'enseigne, je l'ignore ». Mais, dans tous les cas, le cadran parle : « Silens loquor » (je m'exprime sans parole) ou « Signat et monet » (Il signale et avertit), portant un message, ou plutôt un double message : celui du temps, celui de la devise, l'un et l'autre intimement liés. L'heure provoque et suggère la « pensée » qui pratique l'art du raccourci, l'éloquence concrète et discrète. La diversité est sa règle, elle exprime joie de vivre, angoisse des jours, espérance, amour des êtres ou des choses. Savante ou naïve, redite ou inédite, païenne ou chrétienne, moralisante ou épicurienne, elle aborde tous les sujets : la vie, la mort, le plaisir, le vice et la vertu, lance des clins d'œil, a ses facéties, ses roueries, ses tragédies. Il faudrait faire l'inventaire de toutes les devises, car il y en a autant que de cadrans, mais il faut se résoudre à l'anthologie, au rangement méthodique sous diverses rubriques, après sélection d'un échantillon selon la pratique habituelle des enquêteurs. L'étude en annexe montre qu'avec mille deux cents cadrans, pris au hasard, la loi des statistiques est bien respectée et le choix représentatif. La sélection, à l'abri des critiques mathématiques, donne pourtant envie d'en savoir plus, c'est pourquoi il faudrait compléter cette première enquête en partant sur le terrain, une paire de jumelles à la main, avec un crayon, du papier et plusieurs dictionnaires, car le cadran est polyglotte. Il parle toutes les langues : latin, grec, français, patois, anglais, catalan, italien. Cette diversité mérite des explications, mais aucune n'est vraiment convaincante : poids de la tradition, importance des citations anciennes, étalage de culture savante, langage d'église, complicité d'initiés, les réponses sont multiples mais ne rendent pas compte du phénomène linguistique dans sa totalité et quelquefois se contredisent. Le latin (70 % des devises) permet quelquefois des jeux de mots : « Hora et Ora », « Soli, soli, soli ». Il lui arrive d'être incompris. On raconte cette histoire d'une rue de village, devenue rue de la Carpe, en raison d'un cadran solaire portant la devise « Carpe Diem » dont le « Diem » s'était trouvé effacé par l'usure du temps.

Le grec est beaucoup plus rare, 2 à 3 % des cas. L'usage des langues vivantes semble lié à l'origine du commanditaire : devise catalane pour un espagnol de Vaugines, anglaise pour les britanniques de la Côte d'Azur (photo 33), italienne à proximité de la frontière.

Quel que soit son moyen d'expression, la devise est courte, ne dépassant que très rarement une dizaine de mots, jamais plus de vingt. Elle est d'abord situation dans le temps des hommes ; la datation est une tradition sur un peu plus de 60 % des cadrans peints qui ont ainsi un acte de naissance.

IMAGES POUR LE SOLEIL

Les images des cadrans sont aussi diverses que leur langage. L'imaginaire est leur source d'inspiration, la fantaisie leur nature. Bien sûr, des similitudes se rencontrent et l'iconographie a ses modèles préférés : motifs végétaux, animaux, humains, images pieuses, paysage, signes du zodiaque, représentations du ciel (soleil, lune, étoiles, constellations), peinture décorative, trompe-l'œil et mises en scène théâtrales. Une fois de plus, un inventaire exhaustif reste à faire.

Il est probable que chaque artiste proposait, comme pour les devises, un catalogue d'images, dont les montages différaient, les variations sur le même thème trouvant diverses formules originales. Ainsi, peut-on voir sur les cadrans peints de Zarbula des fruits et oiseaux similaires, sortis de son répertoire personnel où choisissait le commanditaire (photos 2, 17, 18, 20, 28, 44).

En général, il existe une relation entre le texte et l'image, entre la devise et l'iconographie, mais ce n'est pas une obligation. Des contradictions sont évidentes et voulues, le cadran parle de mort et représente la vie.

Ces visages du temps, ces tableaux pour façade ont en général un cadre. Il peut comporter de vrais montants de bois et se présenter comme un véritable retable (Fontgillarde - 1839, Queyras), mais le plus souvent, l'artiste peint un châssis par l'usage d'une ou plusieurs couleurs (Vallée du Maurin, 1860, Serennes, Haute-Ubaye) (photo 14). A Névache, un large trait noir de charbon assure la mise en page de l'iconographie (photo 1).

Les cadrans aiment les formes simples comme le carré, le rectangle, l'ovale, le rond (photos 30, 31, 32, 33). Les similitudes avec la grande peinture sont frappantes, les formats voisins de ceux que l'on rencontre dans les églises. Ils sont fonction de l'emplacement et de l'éloignement normal du spectateur et du degré d'exactitude recherché dans la lecture de l'heure.

Sur un clocher, le cadran peint mesure de huit à douze mètres carrés, au-dessus de la porte d'une maison particulière, il a souvent des dimensions légèrement supérieures à celles des fenêtres, de deux à quatre mètres carrés.

Les couleurs mises en jeu sont simples, franches et réduites. Blanc, noir, bleu, jaune, vert, rouge. La monochromie conserve ses adeptes, mais le plus souvent, l'artiste fait appel à deux ou trois tonalités qui se marient bien : ocre et terre de sienne, chaux et charbon, garance cramoisie, cinabre et cobalt. Pour faire une analyse thématique, il faut s'en tenir une fois de plus au choix d'un échantillon et au traitement statistique.

Les *motifs végétaux* reviennent le plus souvent, les fleurs, fruits, feuillages sont l'ornement partiel indispensable ou presque. Plusieurs raisons expliquent ce phénomène : la richesse décorative des plantes, l'implantation rurale des cadrans (80 % d'entre eux sont dans des villages ou à la campagne), la valeur symbolique des bouquets et des corbeilles de fruits, les liens entre les plantes et le soleil. Telle fleur signifie la fécondité, telle autre la fidélité, telle autre la fragilité ou la briéveté de la vie. Chacune a son propre langage et son propre mystère. Aussi ne faut-il pas s'attendre à trouver un miroir de la vie végétale du pays, à rencontrer sur les cadrans les fleurs du champ voisin. L'artiste ne prend pas ses modèles dans le paysage mais dans un catalogue d'iconographie. La peinture n'est ni le reflet, ni même un écho de l'environnement mais le contenu d'un message.

Quelquefois les plantes peuvent avoir une valeur scientifique et signifier la mesure de l'heure. Toutes ne sont pas des tournesols, mais la plupart ont un rythme biologique lié à la chronologie solaire. Un médecin botaniste de Grenoble, familier d'Adanson, a conçu un cadran proche de la célèbre « horloge de Flore » de Linnée. Il dispose à la place des heures un bouquet composé d'une variété d'une quarantaine de fleurs qui s'ouvrent, s'épanouissent et se referment à tour de rôle selon les moments de la journée. Il lisait ainsi l'heure solaire de quart d'heure en quart d'heure. Malheureusement, toutes ces plantes étant éphémères, le cadran n'a pas survécu au premier printemps. Mais il arrive aussi que les fleurs n'appartiennent qu'à l'imaginaire de l'artiste : il est difficile de baptiser la flore de certains cadrans. Il n'est pas rare que le peintre se livre à des facéties et s'amuse. Zarbula et bien d'autres sont coutumiers du fait. En restaurant le cadran de Cervières, M. J.F. Gavoty a retrouvé et remis en valeur des bouquets maniéristes, figurant des visages humains à la manière des têtes-légumes et des têtes-fleurs d'Arcimboldo (photo 47).

Après les plantes, *l'animal* est roi, mais, une fois de plus, le modèle n'appartient pas forcément à la nature environnante. Ce sont des oiseaux inhabituels et les bêtes fantastiques (licorne, dragon) qui reviennent le plus souvent (photo 2), une exception est faite pour le coq et l'aigle, familiers du cadran (photos 20, 28). Le premier s'y prête par sa richesse de coloris, par sa valeur symbolique, par sa vigilance à toute épreuve. Girouette, au-dessus des clochers il donne le temps qu'il fait ; sur le cadran des heures, il chante le lever du jour et dit le temps qui passe. Dans les montagnes, l'aigle veille sur les visages du soleil. Ailes déployées, il appartient au bestiaire des années 1860, période glorieuse du Second Empire et disparaît avec lui (photos 15, 23).

Parmi les animaux courants, citons : les papillons éphémères et fragiles, l'écureuil, la marmotte, parfois le chamois.

Quelques volatiles plus rares se perchent au-dessus des faux cadres : le paon (cadran de Villard de Vallouise), très décoratif, sa roue évoquant l'image du soleil, le cercle du temps (photo 21).

Non seulement beaucoup d'oiseaux n'ont rien à voir avec la faune régionale, mais il est même souvent difficile de les identifier, d'affirmer leur existence réelle. Comme les fleurs, ils peuvent sortir de l'imaginaire d'un artiste, créations totales ou croisements d'espèces variées (photos 2, 17, 18, 20).

La *figure humaine* est beaucoup moins employée, souvent réduite au simple visage ; elle donne au soleil ou à la lune les apparences d'une tête [(Villard de Vallouise (photo 21), Serenne (photo 14), Saint-Alban-des-Villards (photo 34)], les traits soignés, souriants, la chevelure bien organisée, symétrique, expriment l'anthropomorphisme du cosmos, comparable au bestiaire des constellations. La présence humaine apparaît aussi sous forme d'atlantes supportant le cadran des heures, dont la plus belle expression appartient à la tour gauche de l'église collégiale de Briançon... Les hommes sont jeunes mais accablés par le poids des jours. Une variation de cette iconographie est celle des anges soutenant et emportant dans leur vol le temps qui s'enfuit. Le cadran de Saint-Martin de la Brasque à proximité de Pertuis, en est un bel exemple (photo 21). Malgré la qualité de ces modèles, cette représentation est rare dans les Alpes françaises, elle se rencontre plus souvent à l'état de projet dans les fonds de gravures des bibliothèques régionales.

Enfin, les *images de la mort,* aspects particuliers des figures humaines, fréquentes sur les murs ensoleillés de l'Allemagne du Sud et du Tyrol, présentes à Paris, en Alsace, ne font pas recette en Provence. Le cadran parle des fins dernières, mais il hésite à les mettre en scène. Des projets sont envisagés comme en témoignent les gravures, mais les réalisations concrètes ne voient pas le jour. Cette retenue de dernière heure est difficile à expliquer. Il semble que le goût du macabre ait ses limites dans la France du Sud où un phénomène analogue se retrouve dans la grande peinture religieuse du XVIIe siècle qui exclut souvent les scènes trop violentes de martyres et les visions de la mort trop agressives.

Les *images pieuses* familières aux Allemands, avec des scènes de la vie de la Vierge, du Christ, des saints, ne dominent pas dans les régions des Alpes à la Méditerranée. Le cadran parle de Dieu, des nécessités de la prière et de la louange, mais l'iconographie ne suit pas. L'allusion picturale se limite à quelques détails : calice et hostie à Sachas (photo 3), croix à Pierre Grosse, instruments de la passion de temps à autre. Même dans les cloîtres, les cures ou sur les murs des chapelles, le cadran demeure discrètement allusif. L'Annonciation du Petit Palais d'Avignon reste une exception. L'Eglise semble réservée. L'usage profane (la lecture de l'heure) d'une iconographie religieuse lui paraît sans doute un peu sacrilège. L'interdit doit venir de là ; on imagine mal la Vierge, mère de Dieu, dispensatrice de toute grâce, portant l'heure dans les plis de son manteau.

La peinture de *paysages* n'est pas fréquente. Les seuls cas de cadrans figurant les montagnes visibles de la maison sont à part l'exception de Prelles (photo 28), l'œuvre du propriétaire,

(Montbardon - 05). Les artistes de passage ne s'inspirent pas de la réalité mais d'un catalogue d'images. Ils ne prennent pas le temps d'étudier l'horizon, d'en incorporer les composantes essentielles, la fresque devant s'exécuter en quelques heures. En revanche, ce qui a rapport au ciel est d'un usage très courant. Chaque cadran a son soleil, sa lune, souvent ses étoiles. Les signes du zodiaque, fréquents au XVIIe siècle, bannis aux XVIIIe et XIXe siècles, avec la lutte officielle contre l'astrologie, reviennent en force aujourd'hui. L'horoscope, de nouveau, reprend l'imagerie ancienne des constellations.

Le *trompe l'œil,* et son architecture feinte, chers aux italiens, comme en témoigne la méridienne de Gênes, sont recherchés dans les Alpes françaises. L'agencement des faux pilastres, des fausses consoles, des fausses corniches, donne l'illusion d'un arc de triomphe, d'une entrée majestueuse, d'une scène de théâtre, avec un sentiment de relief ; les rideaux semblent se lever pour offrir le spectacle du temps. Le cadran de Cervières adopte cette thématique, celui de Haute-Luce (Beaufortain) présente un décor encore plus raffiné avec un encadrement de colonnes jumelées, simulant le marbre veiné de rose et des chapiteaux ioniques rehaussés d'or (photo 24). Le temps est approché avec respect et ostentation, il est presque divinisé.

La *peinture décorative* et l'abstraction lyrique comptent de nombreux adeptes. L'arabesque, les jeux de courbes et contrecourbes, les coquilles, les grotesques, les guirlandes, les rubans (photo 34) appartiennent au répertoire traditionnel depuis l'âge baroque et rococo, et se perpétuent jusqu'à nos jours. Au-delà du simple plaisir oculaire, ils introduisent un monde de significations qui se prêtent bien à une analyse sémiologique. Ces déroulements, ces replis, à l'image du temps, évoquent la fuite, le labyrinthe, l'aspect insaisissable des heures qui passent.

LA SCIENCE DES CADRANS

Inventée par les Egyptiens, perfectionnée par les Grecs, la gnomonique est une des sciences les plus anciennes qui ne cesse de se parfaire au cours des siècles. Les Romains multiplient les formes du cadran en diffusant différents modèles et en rendant la lecture des heures plus aisée. Le Moyen Age fait peu de cas des ombres du soleil pour la mesure du temps. Il préfère le sablier, les clepsydres, la suite ininterrompue des prières qui scandent les moments importants du jour et de la nuit dans les monastères.

La Renaissance redécouvre le cadran avec passion car les calculs d'heures font des progrès considérables. Les architectes, les artistes, les mathématiciens, les astronomes consacrent une part importante de leurs travaux à la gnonomique. Pour Holbein, le cadran est l'attribut indispensable du savant. L'ouvrage le plus célèbre de Jean Bullant, l'architecte des châteaux de Fontainebleau et d'Ecouen, est son *« Horologiographie pratique ».*

Au XVIIe siècle, de nombreuses publications commentent les formules nécessaires à la construction des méridiennes et des cadrans et procurent les recettes utiles pour l'orientation, l'angle du style, le tracé des corrections saisonnières. Certaines vont plus loin, en donnant l'heure dans plusieurs lieux en même temps, non seulement par l'usage du soleil, mais aussi par l'ombre de la lune et la visée des étoiles. Au temps de Louis XIV, Jean Dominique Cassini, originaire de Perinaldo, se fait connaître par le tracé de sa grande méridienne dans l'église San Petronio de

Bologne. L'art du cadran se porte bien, le Roi Soleil l'encourage. Des ouvrages nouveaux voient le jour selon un rythme accéléré. Le mouvement est lancé et se poursuit aux XVIIIe et XIXe siècles. Une bibliographie sommaire permet de relever rapidement une soixantaine d'ouvrages expliquant et commentant l'art du cadran solaire, dont deux ou trois titres émergent encore aujourd'hui : *« De la construction et des usages des cadrans solaires »* par Bion en 1752, *« Gnomonique pratique »* de Bedos de Celle en 1760, *« La Gnomonique »* de Rivard en 1767. *« L'Encyclopédie »* fait grand cas du cadran solaire et lui consacre plusieurs pages.

La science des cadrans a trop d'adeptes, trop de diversité pour se résumer en quelques lignes. Celles qui suivent ne sont qu'une approche, limitée aux seuls problèmes des horloges verticales peintes. L'alternance de la lumière et de l'obscurité imputée au déplacement du soleil, puis à la rotation de la terre (après Galilée), impose une première division naturelle : le jour, la nuit. Les limites sont précises et ne nécessitent aucun instrument, aucun calcul. A partir de là, plusieurs étapes de mesure sont intervenues : l'aube, le matin, le midi, le crépuscule, le soir. Mais ces divisions trop floues pour régler la vie sociale et les activités humaines, vont nécessiter un découpage en tranches plus fines avec la notion d'heure, conçue à l'origine comme la douzième partie du jour et la douzième partie de la nuit. Jusqu'à la fin du Moyen Age, l'heure est inégale et varie selon les saisons. Au XVIe siècle, la mesure est uniformisée, elle devient $1/24^e$ du temps qui sépare deux passages du soleil au méridien, appelé rotation diurne. Par définition, lorsque le soleil se trouve dans le méridien du lieu, c'est-à-dire au Sud et à sa plus grande hauteur, il est midi vrai dans ce lieu, un écart d'angle de 15° correspond à une heure de temps, aussi lorsque la terre a tourné de 15° (360°/24), l'ombre du soleil se projette sur la première ligne horaire après midi, on dit qu'il est une heure ou treize heures (selon que l'on fait débuter le jour à midi ou à minuit) et ainsi de suite. Le soleil donne les heures vraies.

Mais au XVIIe siècle, les astronomes (Kepler, Galilée) découvrent que la terre tourne autour du soleil, que son orbite n'est pas un cercle mais une ellipse. Il en résulte que la durée d'un jour n'est pas constante. Sa valeur moyenne est de vingt-quatre heures, mais, dans la réalité, les écarts peuvent atteindre plusieurs minutes (16'24" le 2 novembre). Cette inégalité n'est pas la seule à compliquer la science du cadran : l'inclinaison de l'orbite terrestre avec l'équateur céleste perturbe l'uniformité des mouvements ; le soleil prend du retard en été, de l'avance au printemps et en automne. Le cumul de ces deux écarts constitue ce que l'on appelle **l'équation du temps,** d'où ces belles courbes, en forme de huit allongé, que l'on voit paraître sur certains cadrans du soleil.

Par ailleurs, le soleil donne l'heure du lieu, mais la vie n'est pas réglée sur l'heure locale, elle l'est sur l'heure légale. Depuis la loi du 14 mars 1891, la France ne connaît plus qu'une heure unique ; elle est la même de Brest à Strasbourg, qui ont pourtant près de soixante minutes d'écart. Des corrections s'imposent donc en fonction de la longitude de chaque cadran et des décisions du pouvoir politique fixant par raison d'économie d'énergie le temps légal en avance d'une heure ou deux sur la réalité du soleil.

Enfin, les variations de hauteur du soleil changent chaque jour selon les saisons ; il monte ou descend, il se lève et se couche plus ou moins tôt, sa direction n'est jamais la même, sauf à l'heure de midi. Tout cela complique encore le problème mathématique déjà fort complexe de l'intersection d'une conique et d'un plan. D'où l'hermétisme apparent des formules de trigonométrie sphérique exposées dans les ouvrages de gnomonique.

Il n'est pas possible d'aborder tous ces problèmes ; nous verrons en annexe comment les hommes ont réussi à résoudre de manière simple des équations si ardues. Les seules questions qui s'imposent vraiment :

- Comment sont faits les cadrans solaires ?
- Comment les construire ?
- Comment y lire l'heure ?
- Comment vérifier leur exactitude ?

COMMANDITAIRES ET CADRANIERS

Le cadran est un travail collectif, ou l'œuvre d'un homme détenant à lui seul diverses connaissances et plusieurs pratiques : la gnomonique, l'art du dessin, la technique de la fresque.

Des artistes, des artisans, cumulent ces dons et ces savoirs. La gnomonique étant absente de l'enseignement officiel, l'apprentissage se fait dans le milieu familial. Mis à part les autodidactes de talent, on est cadranier de père en fils.

Plusieurs dynasties sont bien connues, celle des Jouve dans le pays d'Aix de 1780 à 1840, celle des Pascal dans le Luberon et le pays d'Apt au XIXe siècle. Celle des Faure dans le Briançonnais. A Grenoble, la famille Blanc est réputée pour la précision de ses cadrans ; en particulier, le célèbre Alphonse, dont on dit souvent qu'il « n'a rien d'un homme des à peu-près ».

Les journaux de 1835 rapportent à son sujet l'histoire suivante : le gouverneur de la province de Savoie fait des propositions à Alphonse Blanc pour qu'il construise un cadran solaire à Chambéry, mais par mesure d'économie, il lui demande d'appliquer les mêmes formules qu'à ceux de Grenoble. Alphonse Blanc refuse, car la différence d'altitude entre les deux villes est d'environ 56 mètres, et les écarts de latitude et longitude de quelques minutes d'arc. Il répond qu'il n'accepte de faire le cadran qu'en commençant sur place toutes les observations de latitude, de longitude et toutes les opérations d'inclinaison et d'orientation du mur. Le gouverneur de Savoie, soucieux de ses deniers, renonce au projet. En 1840, la municipalité de Chambéry lui fera exécuter un cadran calculé point par point sur la maison du baron du Bourget située place Saint-Léger.

Les archives communales, départementales ou notariales témoignent parfois des prix faits, des contrats, des difficultés, des procès entre commanditaires et cadraniers.

Le dossier du Père Bonfa, réalisant le merveilleux cadran pour le collège de Grenoble est bien connu. Né à Nîmes en 1630,le jésuite s'est initié à l'astronomie en Avignon où il a observé des éclipses, les satellites de Jupiter avec Monsieur de Beauchamps, l'Abbé Gallet et même le célèbre Cassini lors de son passage en 1676. Il connaît les travaux du Père Kircher dont il s'inspire quand il trace les lignes horaires chargées d'illustrations, de signes, et de tables dans l'escalier monumental du collège de Grenoble.

Au XVIIIe siècle, les noms sont moins illustres : citons, César, Claussel, Pascalis, Quillon, Liobard. Certaines personnalités transparaissent à travers les textes : Claussel est un original qui a le goût des devises utopistes. Il accompagne sa signature de l'épithète « philosophe austère » et se réfère souvent à Voltaire. Pascalis, créateur prolifique dans les années 1790, réalise les cadrans de Saint-Sauveur, de Chatte, de Pont-en-Royans, de Saint-Marcellin où il parle par énigme et adopte le calendrier révolutionnaire.

Au XIXe siècle, les cadraniers originaires du pays s'appellent Roland (cadrans d'Arandon, de Rives, de Courtenay), Péclié (cadrans de Claix, Méaudre), le Père Arsène, capucin, et Joseph Prudhomme, célèbre pour son cadran de Sillans (1842).

Tous les cadrans ne donnent pas lieu à la rédaction d'un texte. Beaucoup d'entre eux ne sont pas documentés. Les signatures avec une date sont des éléments très précieux mais rares. La plupart des cadrans demeurent anonymes et le problème des attributions est difficile, la majorité des signatures se limite à des initiales. Dans ce cas, la confusion est possible entre l'artiste et le commanditaire. Par exemple, les V.L.B. 1763 sur le cadran de Le Bez n'ont rien à voir avec l'homme qui a réalisé et peint ce beau cadran, elles sont un hommage au propriétaire et signifient en réalité : Vive Laurent Borel 1763.

Un paraphe est bien connu, il revient fréquemment dans le Queyras et le Briançonnais : il s'agit du fameux Z.G.F. ou Z.J.F. Ces trois lettres ne posent aucun problème et sont la marque de Zarbula Giovanni-Francesco (Jean-François).

A la fin du XIXe siècle, lorsque le docteur Blanchard dresse un premier inventaire remarquable des cadrans peints dans le Briançonnais, il relève 39 fois les initiales de Zarbula entre 1833 et 1870, et pour la seule année 1840, au moins huit cadrans de sa main : deux à Ville Vieille (Queyras), trois à Saint-Véran, deux à Vallouise et un au Claux.

La vie errante de Zarbula est difficile à reconstituer. On sait seulement qu'il est d'origine piémontaise et qu'il parcourt les Alpes pendant quarante ans, laissant les plus beaux cadrans peints de la région. Tous ses modèles se reconnaissent aisément avec ses oiseaux (yacou, perroquet, toucan, gobe-mouche), ses bouquets, ses mappemondes aux contours imaginaires. Il est le modèle parfait de l'artiste itinérant qui vient proposer ses services. Il se déplace avec son matériel, ses instruments d'observation et présente ses cartons aux notabilités, proposant différentes solutions. Le contrat ne se fait pas devant notaire, mais par un arrangement verbal. Zarbula, d'accord avec le propriétaire sur le prix et le thème, monte sur ses échafaudages, exécute l'enduit, prépare ses lignes horaires, réalise la fresque. L'ensemble des travaux doit durer par beau temps une quinzaine de jours. L'œuvre achevée, le cadran est inauguré au cours d'une fête, avec discours, en présence du maire, du curé, de l'instituteur, des gens du village. On attend midi, car il faut être assuré du soleil. Mai, juin, sont les mois les plus propices au « vernissage ». Souvent un cadran en entraîne un autre, une certaine rivalité existant entre les commanditaires.

Durant l'hiver, l'artiste cherche ses terres, rassemble ses couleurs, prépare de nouveaux cartons. Eventuellement, il peut restaurer de vieux cadrans, la date de remise en état est souvent mentionnée.

Les promoteurs du cadran sont très divers : les préfets, les maires, les curés, les notables, les villageois. L'action des premiers est la mieux connue, grâce à l'archivage de leur correspondance. Signalons Ladoucette et Gavoutty sous le premier Empire. Détenteurs du pouvoir, personnages considérables, les préfets donnent des directives aux maires et, parfois, se font mécènes eux-mêmes. Ils ont l'appui des recteurs d'académie et des sociétés savantes. Les maires sont plus économes des deniers de leur commune, mais il est bon de satisfaire le préfet et les cadrans solaires ne coûtent pas si cher : de 70 à 100 livres au XVIIIe siècle, quelques centaines de francs/or au XIXe siècle. Ils sont souvent moins onéreux que les horloges qui exigent des interventions permanentes pour la remise à l'heure et l'entretien des mécanismes. Jusqu'en 1870, tous les villages des Alpes vivent à l'heure du cadran qui mesure le temps qui passe, comme la girouette le temps qu'il fait.

DES CADRANS POUR DEMAIN

« Chacun voit midi à sa porte ». Cette expression dit bien la diffusion des cadrans des temps anciens. Dans les années 1850, ils se comptent par centaines dans les régions des Alpes à la Méditerranée, mais à la fin du XIXe siècle, ils sont un peu oubliés, parfois dédaignés par les nouvelles générations soucieuses d'exactitude, de temps compté, minuté.

Soumis aux intempéries, menacés par les graffiti, privés d'entretien, les cadrans se dégradent. Les plus isolés en viennent à servir de cibles aux chasseurs. Objets d'art, ils sont convoités, des motifs entiers sont dérobés. Les attitudes changent, de nos jours chacun prenant conscience de leur appartenance au patrimoine historique, artistique et culturel. Ils sont recensés par l'Inventaire Monumental et la Commission Nationale du Cadran Solaire, section active de la Société Astronomique de France ; plusieurs sont classés ou en voie de l'être. Ils sont recherchés par les touristes et photographiés.

Ce réveil malheureusement est un peu tardif et bien des cadrans peints ont besoin de profondes restaurations. Des campagnes de remise en état sont en cours, elles exigent la collaboration de divers organismes publics et privés, en particulier pour leur financement.

Pour obtenir une bonne conservation de ces images du temps, il importe de comprendre leur spécificité. Le cadran peint est fait par l'homme, mais c'est le ciel qui le fait vivre. Lié au mur qui le porte, il est partie intégrante de l'architecture qui est son cadre et son lieu. Leur union est totale et définitive. On ne peut les déplacer pour une radiographie, des examens en laboratoire, des retouches en atelier, aussi attendent-ils sur place une main habile pour leur redonner formes, lumière et vie. Cette opération délicate exige l'intervention d'un spécialiste : Jean François Gavoty qui rend au soleil les beaux décors de Jean-François Zaburla, en est un. Descendu de l'échafaudage de Cervières, il met en garde pour « éviter la terrible repeinture, même si elle est garantie « dans l'esprit » par les meilleures volontés », et il présente rapidement le déroulement de la restauration :

« La première démarche consiste à conduire la réintégration des décors, couleurs et tracés comme une « enquête ». Le goût et les habitudes du XXe siècle doivent se plier à la logique de l'âge et de la facture du cadran (ce qui n'est pas contradictoire avec l'utilisation de produits très modernes pour arriver à un meilleur résultat : colles, fixatifs).

La restauration est une question de choix (d'où la nécessité de la reversibilité) qui se fondent sur l'analyse de l'objet et de son environnement : tel cadran très en vue (de loin) aura besoin d'être particulièrement remonté en couleur (et souvent on trouve des fragments intenses qui le prouvent), tel autre, usé, dans un lieu plus intime sera laissé avec ses marques d'usure comme partie prenante de son aspect restauré ».

Les choix étant faits, avant de soigner le cadran lui-même, il faut guérir son environnement. Le support assure une protection mécanique, ses cassures entraînent des fêlures sur le tableau des heures : par ailleurs il doit pouvoir éviter les variations thermiques nuisibles à la peinture et l'humidité qui détériore les couleurs. La conservation du cadran dépend avant tout des qualités du mur. J.F. Gavoty donne les recettes de consolidation :

« - curage et rebouchage des trous et grosses fissures (avec matériau de même souplesse que les vieilles chaux, c'est-à-dire mortier de chaux, stuc acrylique) ;
- injection de colle dans les poches formées entre un enduit dur décollé et le mur lui-même ;
- reprise des fissures et petits trous. » Si le mur est bien soigné, il est possible d'entreprendre le sauvetage du cadran. La restauration comporte encore une série d'opérations préalables :

- l'examen de l'enduit détermine sa nature, sa structure et l'analyse de la couche picturale :
- la recherche de la technique artistique permet de retrouver la manière de faire, le coup de main ;
- l'étude des altérations met en relief les salissures de surface, les incrustations parasites, les craquelures, les écaillages qui sont l'effet du vieillissement naturel, mais aussi de la pollution atmosphérique et des micro-organismes.

Ces diagnostics accomplis, le malade est pris en charge, il lui faut quelques jours de convalescence au cours desquels, il passe par les phases suivantes :

- la réfection de l'enduit se fait en deux temps car il se compose d'une double couche : la première assez grossière a pour fonction d'égaliser le mur et d'assurer sa parfaite orientation ; la seconde, plus fine, destinée à recevoir la peinture est soigneusement lissée. Sa mise en place est rapide, car l'enduit superficiel doit être frais et humide lors de la pose des couleurs.

- Dans certains cas, le tracé horaire, totalement absent doit être recalculé sur la base du trou, du style, du format, des coordonnées géographiques du lieu. Il faut savoir que les peintres de l'époque traçaient (ou se faisaient tracer) des cadrans selon des procédés géométriques très précis.

- le travail de la fresque est exécuté à l'aide du pinceau, le pigment mêlé d'eau est disposé sur le badigeon à base de chaux. Le choix du bon moment est difficile, appliqué trop tôt, la couleur se mêle à l'enduit et se trouble, trop tard, elle se heurte à la croûte de carbonate et adhère mal, mis au bon moment, les pigments sont enrobés dans la cristallisation : la peinture durcit et se fixe naturellement. Il est indispensable de tenir compte, dans le choix des couleurs, de l'éclaircissement des tons, lors du séchage.

Jean François Gavoty conclut ainsi « Voilà à grands traits l'esprit d'une restauration telle qu'elle me semble juste dans ce cas précis des cadrans solaires. Il y a une très forte prise de conscience du problème dans les régions de montagnes actuellement, mais face à la difficulté de compréhension de ces « réflexes-restaurateur », aucune règle générale ne pourrait solutionner la question. Chaque cadran est donc bien différent. La seule chose urgente me semble être de perdre notre regard « ordinaire » sur ces objets (du passé) que l'on n'a pas l'habitude de rattacher au patrimoine le plus prestigieux ».

Parallèlement à ce mouvement de conservation et souvent grâce aux mêmes hommes, on voit naître de nouveaux cadrans peints ou colorés. Des ateliers de création, comportant des architectes, des artistes, des gnomonistes, apparaissent. Des ensembles complets voient le jour, le village de Coaraze (Alpes-Maritimes) en est un exemple avec les cadrans de J. Cocteau, Goetz et divers céramistes contemporains.

Nous vivons le temps des sciences, et la science du temps n'est plus la même. La précision des mesures est de l'ordre de 10^{-15} (1/1.000.000.000.000.000) un millionième de milliardième de seconde sur une seconde. Un nouvel étalon est né : l'étalon atomique. Ce sont les oscillations internes des atomes, plus stables, de fréquence plus élevée qui fournissent la référence pour le moment absolu. Le soleil n'a plus rien à voir avec les nouvelles mesures de l'heure et pourtant, le cadran solaire n'est pas mort. La roue du temps qui a paru l'emporter, le ramène. Il devient l'objet de soins attentifs, on le restaure, on en crée de nouveaux. Il témoigne d'une science difficile, la gnomonique, d'une sensibilité artistique, d'un art de vivre.

La région des Alpes à la Méditerranée est, par la générosité de son ciel, le lieu privilégié de ces cadrans peints. Ils sont des centaines qui font jouer en silence l'ombre et la lumière, qui animent sans bruit les places publiques, les parcs, les jardins. Ils sont le décor utile et vibrant des maisons, des demeures, des châteaux, des églises. Signaux du temps présent, de l'heure qui passe, les cadrans sont aussi les témoins du temps de l'histoire. De l'Antiquité à nos jours, ils attestent des blessures des siècles et des ans, tout en étant les garants des éternels retours.

Aujourd'hui, ils constituent dans le paysage rural un musée de plein air, un conservatoire des arts et traditions populaires. Ils sont un merveilleux outil pédagogique, un instrument prodigieux pour la connaissance du cosmos. Ils sont la démonstration naturelle du temps devenu espace et de l'espace devenu temps. Leurs devises sont des thèmes de réflexion et de méditation. Avec eux, le temps prend son temps, il se contemple. Les cadrans solaires peints, visages et reflets du temps, sont un des lieux de rencontre de l'Art avec Science. Ils expriment avec beauté les préoccupations constantes des hommes, ils disent avec certitude l'heure qu'il est, face à l'incertitude des heures à venir.

PECHEURS COMPTEZ VOS JOURS
8 9 10 11 12 1 2 3
SOLI DEO HONOR ET GLORIA
1767
1968 AF

3/ SACHAS

4/ BRIANÇON

5/ BRIANÇON

1719

6/ PUY-SAINT-VINCENT

7/ VILLARD-SAINT-PANCRACE

8/ LANSLEVILLARD

9/ BOZEL

VI
VII
VIII
IX
X
XI·XII·I
II
III
IV

X
XI
XII

11/ PELVOUX

10/ JAUSIERS

12/ COMBREMOND

13 / VILLEVIEILLE

14/ SERENNES

15/ BONTES

16/ AIME

17/ SAINT-VERAN

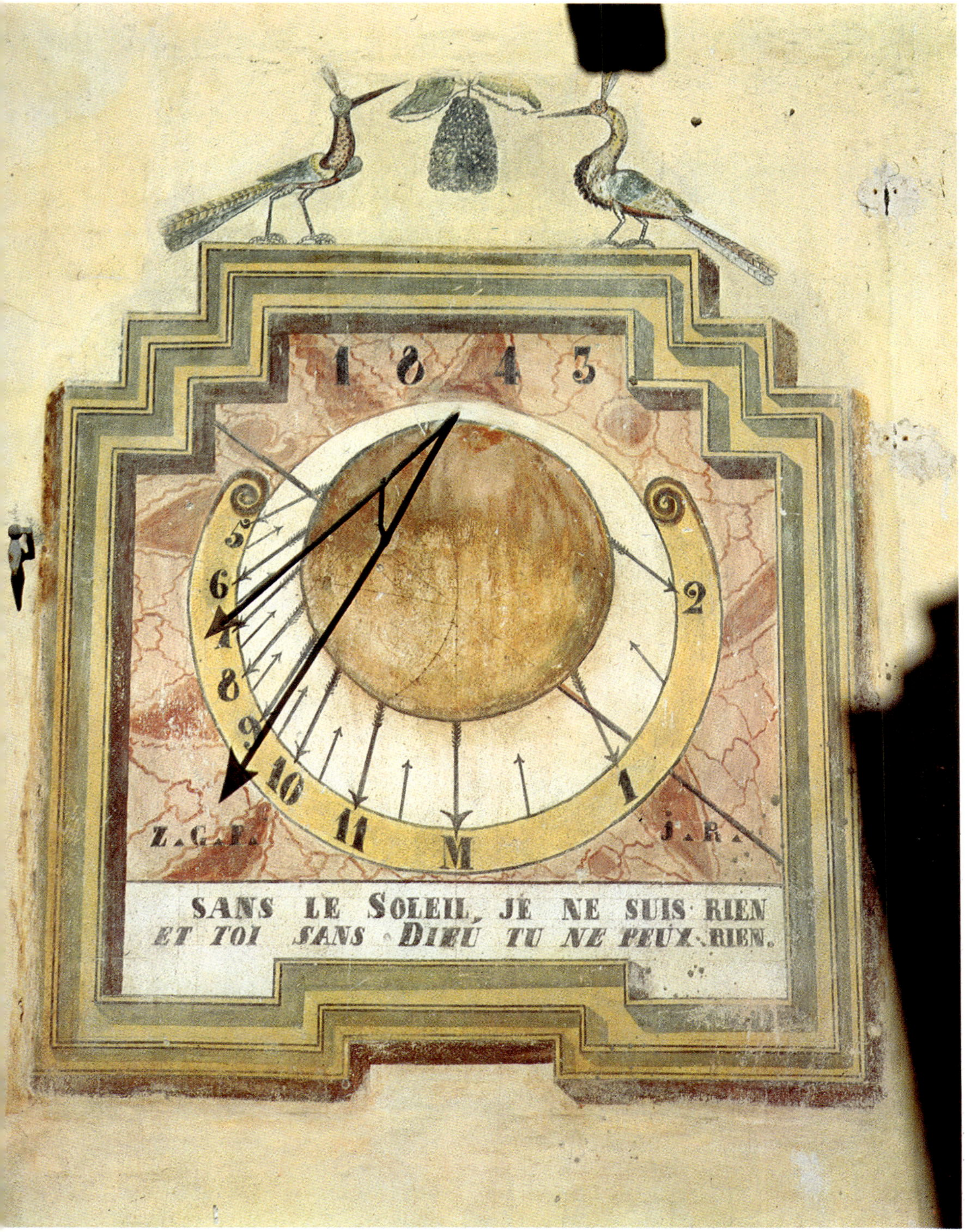

18/ VAL-DES-PRES

19/ THORAME-HAUTE

20/ SERENNES

21 / VILLARD-DE-VALLOUISE

22/ LES TANCS

23/ SAINT-MARTIN-DE-LA-BRASQUE

24/ HAUTE-LUCE

LAMITO
18 27

LORS QUE TU SONE

JE CHANTERE
1845

26/ FONTENIL

25/ SAINT-CEZAIRE-SUR-SIAGNE

27/ COLMARS-LES-ALPES

MDCCCXCIII

28/ PRELLES

29/ PLAMPINET

SUPERBE SOLEIL QUE TON
HUMEUR EST ALTIERE
MAIS CET ARC EST CAPABLE
DE MESURER TA CARRIERE
Dic 22·9bris 1844·

32/ AIGUILLES

31/ AIME

33/ SAINT-DALMAS
LE-SELVAGE

34/ SAINT-ALBAN-DES-VILLARS

35/ ARVIEUX

36/ LE THYL

37/ PRELLES

38/ FOUILLOUSE

39/ SAINT-VERAN

40/ SAORGE

41/ SAINT-ETIENNE-DE-TINEE

X
XI
XII
I
II

43/ PLAMPINET

42/ CUCURON

44/ MALJASSET

HAC RITE UTENDO
PARA FAUSTAM
LATITUDE
Avance sur Paris
Longitude
7
8
9
10
11
12
1
2
3
4

45/ FAUCON

1899

ANNEXES

LES DEVISES HORAIRES

Certains mots-clefs reviennent avec insistance : la mort, la fuite du temps, l'au-delà sont des leitmotive mais ils ne doivent pas cacher d'autres tendances : le plaisir, le bonheur, les éloges de la science ou du travail, l'amour de la patrie.

LA MORT

est le thème favori pour 40 % des cadrans. Elle revêt plusieurs aspects : imminence, menace, fatalisme, appel à la prière, à la conversion, obsession.

En voici quelques exemples, présentés dans leur traduction française pour faciliter la lecture :

« Peut-être à l'heure que tu conte (sic)
Faudra mourir et rendre conte » (sic)
Ornon, 1798 (Isère)

« O voyageur voici l'heure
Pense à ta dernière demeure ».
Saint-Siméon de Bressieux (Isère)

« Le jour du jugement approche et je conte les heures » (sic).
La Grande Chartreuse (Isère)

« Ici tu verras l'heure
Et plus bas ta demeure »
Cimetière de Saint-Savin (Isère)

« Aujourd'hui à moi, demain à toi »
Cimetière de Saint-Véran (Hautes-Alpes)

« Les temps sont comptés »
Eglise de Roybon (Isère)

« Nous ne savons ni le jour ni l'heure »
Paladru (Isère)

« Je viens à toute heure et n'en indique aucune »
Saint-Julien de l'Herms (Isère)

« La mort n'a point d'heure fixe »
Cure d'Eybens, 1812 (Isère)

« Vivre n'est pas autre chose que mourir »
Les Avenières, 1838 (Isère)

« Redoute la dernière »
Claix (Isère)

« Une suffit »
Arandon (Isère)

« Chacune fait sa plaie et la dernière achève »
« Pense à l'éternité, l'heure va marquer »
Les Queyrelles Hautes, 1827 (Hautes-Alpes)

« Le temps mène à l'éternité
Qui sait bien en profiter se la rendra heureuse »
Villar-St-Pancrace, 1841 (Hautes-Alpes)

« Toutes vous meurtrissent, la dernière vous assomme »
Montmeyran près de Varage (Var)
La Combe-Bernard, 1860 (Hautes-Alpes)

« La dernière est cachée »
Névache (Hautes-Alpes)

« Tu vois l'heure, tu ignores la tienne »
La Colle (Alpes-Maritimes)

« Le matin tu cherches l'heure,
ne te cherchera-t-elle pas ce soir ? »
Abriès, 1844 (Hautes-Alpes)

« Tel qu'un lion de sang avide
se précipitant sur tes pas
la mort suit ta course rapide
avec l'arrêt de ton trépas »
Annecy, 1844 (Haute-Savoie)

« Prends garde à l'une d'elles »
Val, près de Brignoles (Var)

« Ta vie passe comme cet ombrage
Prends y garde tu seras sage »
Renage (Isère)

« Le temps fuit et la mort le suit »
Le Périer (Isère)

« L'heure approche »
Eglise de Saint-Marcellin (Isère)

« Nous sommes ombre et poussière »
Cure de Réaumont, 1808 (Isère)

« L'ombre reviendra, l'homme jamais »
La Rivière (Isère)

« La vie finit comme la fleur et fuit comme l'ombre »
Hameau de Châtelard (Isère)

« La vie passe comme les fleurs »
Moirans (Isère)

« L'heure est douteuse pour tous, n'est fixée pour personne »
Meylan (Isère)

« L'heure est incertaine pour tous »
Voreppe (Isère)

« L'heure expire, songe à toi »
Monestier d'Ambel, 1823 (Isère)

« Le temps passe et toi aussi »
Virieu, 1849 (Isère)

« Souviens-toi que tu es poussière »
Montauroux (Var)

« L'heure fuit, l'éternité approche »
Réaumont (Isère)

« Mortel, l'éternité approche »
Eglise de Méaudre, 1823 (Isère)

« Toutes les heures nous blessent, la dernière nous tue »
Le Villar Saint-Pancrace (Hautes-Alpes)
Le Fontenil-sous-Briançon (Hautes-Alpes)
Maison Claire, 1868 (Hautes-Alpes)
La Salle (Hautes-Alpes)
La Cluze, 1854 (Hautes-Alpes)
Névache (Hautes-Alpes)
Les Avenières (Isère)

« Songez à la dernière »
Eglise du Lans, 1733 (Isère)

« Pensez à la dernière »
Clocher de Saint-Quentin, 1838 (Isère)

« Pense à tes derniers instants »
Saint-Geoirs, 1832
Cure de Saint-Paul d'Izeaux (Isère)

« Le moment de prier et de songer à nos derniers instants »
Eglise du Mont de Lans (Isère)

« L'heure qu'on ne passe pas »
Seyssinet, 1819 (Isère)

« La dernière épouvante »
Beaufort, 1768 (Isère)

« Peut-être la dernière heure »
Vallouise, 1825 (Hautes-Alpes)

« La dernière pour beaucoup »
Champagnier, 1784 (Isère)

« Si cette heure n'est celle de la mort
Celle qui suit peut-être terminera ton sort »
Eglise de La Garde (Isère)

« Tôt ou tard, il faut mourir - avare penses-y »
Pelvoux (Hautes-Alpes)

« Prie pour que l'heure ne te prenne pas »
Molines en Queyras, 1849 (Hautes-Alpes)
Château Queyras, 1848 (Hautes-Alpes)
Plampinet Maison Bellet, 1869 (Hautes-Alpes)

« La dernière décide de tout »
Aux Claux de Vallouise, 1792 (Hautes-Alpes)

« En regardant l'heure qu'il est
Songe à la mort et tiens toi prêt »
Château Queyras - Poet, 1877 (Hautes-Alpes)
La Bessée (Hautes-Alpes)

« Je n'avertis pas »

« La dernière vous presse »

« Vous passerez comme nous »

« La tienne est ici »

« De plusieurs elle est la dernière »
Manuscrit de gnomonique
Bibliothèque de Marseille

« Rappelez-vous votre heure dernière
et vous ne pécherez jamais »
Plampinet - Eglise 1823 (Hautes-Alpes)

« L'heure que tu cherches te conduit à la mort »
Le Cassel - Maison Jourdan (Hautes-Alpes)

« Arrête passant et considère
Cette heure peut-être est la dernière »
Le Monetier-les-Bains, 1865 (Hautes-Alpes)

« Après l'heure finie, l'infinie »

« Ne compte pas sur la première
Car tout dépend de la dernière »
Brunissard, 1833 (Hautes-Alpes)
Le Bez, 1861 (Hautes-Alpes)

Ces quelques devises ne sont qu'un échantillon d'un vaste inventaire qui reste à compléter. Une analyse détaillée permettrait d'entrevoir les conceptions de la mort et de l'au-delà, les évolutions au cours des années et les variations locales. L'influence chrétienne est évidente, mais n'exclut pas la mort païenne. Un relevé méticuleux donnerait sans doute les temps forts des « memento mori » et montrerait l'existence éventuelle de liens entre l'histoire des hommes et le langage des cadrans. La mort est-elle un thème plus fréquent en période de guerre, de famine, de troubles, d'épidémie ? De même, une géographie détaillée des cadrans parlant des fins dernières décèlerait peut-être des localités plus inquiètes les unes que les autres. La recherche des artistes des cadrans serait nécessaire, car ils proposent des listes de maximes et certains inventaires sont plus orientés que d'autres. Plusieurs de ces manuscrits rassemblant de cinquante à deux cents sentences sont aujourd'hui dans les fonds anciens des bibliothèques municipales de Provence et des Alpes.

LA VIE

Après la mort et les dernières heures, les devises les plus fréquentes évoquent **la joie de vivre** : environ 25 % des cadrans. Celles-ci peuvent être ambiguës, l'appel aux plaisirs de la vie est parfois une forme déguisée de l'angoisse finale. Mais on rencontre aussi des invitations franches et sincères à profiter du présent, à jouir des choses et des biens. Les mots-clés sont : soleil, lumière, heures claires, bonheur, vivre, boire. Comme pour la mort, on peut en faire une rapide anthologie :

« Mets à profit le jour »

« Profite de l'heure »

« Ce que l'une refuse, l'autre l'apporte »

« Souviens-toi de vivre »

« Saisis avec joie les dons de l'heure présente »

« Après le travail le repos »

« Que cette heure vous soit favorable »
Manuscrit - Bibliothèque de Marseille

*« Six heures de la journée sont dues au travail
Les autres disent aux mortels : vivez »*

*« Saisir gaiement l'instant de bonheur qui se présente
saisir avec bonheur les biens de l'heure présente »*
Châtelard - Hameau de Réaumont, 1786 (Isère)

« En vain vous vous levez avant l'aurore »
Hameau des Arcisses à Saint-Chef (Isère)

« C'est l'heure de bien vivre »
Apprieu, 1831 (Isère)

« C'est l'heure de boire »
Beaucroissant, 1796 - Côte Saint-André (Isère)

« Autant boire ici qu'ailleurs »
Auberge Saint-Didier de la Tour (Isère)

« Ne les compte pas, mets les à profit »
Saint-Hilaire de Rosier, 1770 (Isère)

« O soleil, tu parais, tu souris, tu consoles la terre » La Vachette, 1852 (Hautes-Alpes)

« A la bonne heure »
Villeneuve, 1724 (Alpes de Haute-Provence)

« Le temps accordera tout »
« Je ne compte que les heures claires »
Cadenet (Vaucluse)

*« Passant qui que tu sois
Arrête-toi ici et bois »*
Auberge de Lans, 1850 (Isère)

*« Passant si tu veux jouir des douceurs de la vie
Repose-toi à l'ombre de ces forêts »*
Sylve Bénite, 1832 (Isère)

« Je ne marque les heures si elles ne sont sereines »
Pré du Lac à proximité de Grasse (Alpes-Maritimes)

« Saisis avec joie les dons de l'heure présente »
Gières, 1786 (Isère)

« Qu'elle soit aimable celle que tu désires »
Saint-Chaffrey (Hautes-Alpes)

« Que l'heure présente vous soit favorable »
Briançon, 1823 (Hautes-Alpes)

« Voici l'heure d'être heureux »
Peymeinade (Alpes-Maritimes)

« L'heure s'est écoulée royalement »
Mougins (Alpes-Maritimes)

Des recherches analogues aux précédentes sont à faire pour dater les messages épicuriens et cartographier les lieux plus enclins que les autres aux plaisirs de la vie. Au premier abord, les répartitions sont à peu près égales dans le temps et l'espace, mais la piste est à peine ouverte, il faut la parcourir.

LE SOLEIL

Le troisième message qui revient le plus souvent dans le langage du cadran, est une **réflexion sur lui-même,** parfois son propre éloge. Ses liens avec le soleil sont un sujet de méditation toujours renouvelé. Sa science est objet d'émerveillement, son fonctionnement une source d'admiration. Le cadran, miroir et usage du soleil, s'étonne lui-même, son regard est narcissique.

Le thème de ces devises (qui représente 15 %) est le plus intéressant pour les passionnés de gnomonique.

« Le soleil se lève pour tous »
Cervières (Hautes-Alpes)

« Par le soleil, je donne l'heure »
Le Pinet de Briançon (Hautes-Alpes)
Abriès (Hautes-Alpes)

« Le soleil immobile tourne par le mouvement de la terre »
Gattières (Alpes-Maritimes)

« Il s'adapte au mouvement du soleil »
Grasse (Alpes-Maritimes), Aups, Toulon (Var)

« Pas de soleil, pas d'ombre »
Malaucène (Vaucluse)

« Au seul soleil de la terre » que l'on doit absolument citer en latin : « Soli, soli, soli »
Saint-Jean de Moirans, 1781 (Isère)
Corenc, 1724 (Isère)

« Depuis le soleil jusqu'à l'ombre »
Le Val des Prés (Hautes-Alpes)

« Donne-moi le soleil, je te donnerai l'heure »
Villars-sur-Var (Alpes-Maritimes)

« Sans le soleil, je suis silencieux »
Cervières (Hautes-Alpes)
Val des Prés, 1843 (Hautes-Alpes)
Le Villard (Hautes-Alpes)

« Si le soleil se tait, je me tais »
Sospel (Alpes-Maritimes)

« Si le soleil fait défaut, nul ne me regarde »
Colmars (Alpes-de-Haute-Provence)
Chambéry et Grenoble (Isère)

« Rien sans le soleil »
Aiguilles, 1861 (Hautes-Alpes)

« Ici le soleil et l'ombre nous servent »
Moulin-Neuf, Manosque
(Alpes-de-Haute-Provence)

« L'ombre obéit au soleil »
Abbaye de Sénanque (Vaucluse)

« Oeuvre du soleil et de l'art »
Grasse (Alpes-Maritimes)

« Je suis la fille du soleil, ma mère est en fer, par l'aspect je ressemble à ma mère, à mon père par la mobilité »
Montigny, 1701 (Savoie)

« Le soleil luit pour tout le monde »
Côte d'Aime (Savoie)
Tourrettes (Var)

« Le soleil commande aux rois »
Alleins (Bouches-du-Rhône)

« Le soleil conduit le jour »
Saint-Véran, 1858 (Hautes-Alpes)

« Le soleil régit toutes choses »
Mane (Alpes-de-Haute-Provence)

« Mon âme est le soleil »
Grasse (Alpes-Maritimes)

« Le soleil me dirige, vous c'est le pasteur »
Saint-Martin d'Entraunes (Alpes-Maritimes)

« L'heure est placée sous l'autorité du soleil »
St-Dalmas de Tende, 1779 (Alpes-Maritimes)

« Par l'ombre je mesure le jour »
Tarascon (Bouches-du-Rhône)

« Cette montre par son ombre nous montre,
que comme passe l'ombre, passent nos jours »
Argentière (Hautes-Alpes)

« L'ombre par la lumière, par l'ombre la lumière »
Roquebrune (Alpes-maritimes)

« Par l'ombre la vérité »
Saint-Cassien (Isère)

« Où l'ombre tombe je marque l'heure »
Betenoud, 1803 (Hautes-Alpes)

« La lumière est ma règle, l'ombre est la vôtre »
Chamaloc, 1785 (Hautes-Alpes)

« Ici l'ombre vous renseigne »
Villar Saint-Pancrace, 1821 (Hautes-Alpes)

« Je suis au service du temps »
Saint-Blaise, 1870 (Hautes-Alpes)
Bouchier, 1870 (hautes-Alpes)

« Que la lumière soit »
Rians (Var)

« La lumière c'est la pureté »
Chazelet (Hautes-Alpes)

« Les nuages et la nuit sont mes ennemis »
Saint-Dalmas de Tende (Alpes-Maritimes)

« Sans ta clarté et ta chaleur
Nous n'aurions ni heure ni fleur »
Le Bez, 1824 (Hautes-Alpes)
La Salle, 1840 (Hautes-Alpes)
Le Villard de la Madeleine, 1847 (Hautes-Alpes)

« Je suis la mesure du temps
Tel qu'on mesure on sera mesuré »
La maison du Roi (Queyras - Hautes-Alpes)

« Je tourne quoique immobile »
Sylve Bénite (Isère)

*« Je mesure le temps, image mobile
de l'immobile éternité »*
Ville Vieille, 1840 (Queyras - Hautes-Alpes)

*« Toi qui annonces l'aurore, admirable flambeau
Astre toujours le même, astre toujours nouveau
Par quel ordre, Soleil ! viens-tu au sein de l'onde
Nous rendre les rayons de ta clarté féconde ? »*
Les Hières, 1806 (Isère)

*« Dieu qui conduit dans sa carrière
cet astre étincelant
rend le matin plus doux par sa clarté première
et son midi brûlant »*
La Croiza, 1835 (Hautes-Alpes)

« Immobile je tourne, je fais ma révolution »
Saint-Martin d'Hères (Isère)

« Le ciel est ma patrie »
Fonville Briançon (Hautes-Alpes)

« Le ciel est ma règle »
Saint-Paul-du-Var (Alpes-Maritimes)
Chantemerle - Mont Genèvre, 1779 (Hautes-Alpes)
Le Freyssinet Ville de Vallouise, 1840 (Hautes-Alpes)

« Regarde-moi, afin que je sois regardée »
Têche (Isère), Salernes (Var)

« Me levant avec le jour, me couchant avec lui »
Saint-Gervais (Isère)

*« Ne vous arrêtez pas
Lumière d'en haut »*
Saint-Chaffrey (Hautes-Alpes)

« Il passe faisant le bien »
Grasse (Alpes-Maritimes)

« Je suis la joie de tout le monde »
Aups (Var)

« Nous le préférons sans nuage »
Cervières (Hautes-Alpes)

« Il travaille toujours, ménagères imitez-le »
Sillans (Var)

*« Il peut se tromper le fer battant la cloche
moi quand le soleil luit je ne me trompe pas »*
Nice (Alpes-Maritimes)

« Je suis juste, soyez-le aussi »
Moutiers (Savoie)

« Je ne saurais tromper »
Grasse (Alpes-Maritimes)

« Je saurai ce qu'il me manque »
Caussol (Alpes-Maritimes)

« Je fais ma ronde pour tout le monde »
Charnecles (Isère)

« Bon jour, bon soir »
Saint-Hilaire, 1728 (Isère)
Saint-Quentin (Isère)

Toutes ces devises, hymne de louange ou simple constats, chantent le soleil, astre chrétien ou païen. Comme disent les chansons, il y a trois soleils dont le cadran se fait l'écho (mesure, pouvoir, chaleur). Il introduit le langage publicitaire et vante son mécanisme, énonçant même son mode d'emploi : « Ici je peins l'heure dite gallique en noir, système romain en rouge, division babylonique en jaune. En couleurs mélangées, j'indique les signes du zodiaque » dit le célèbre cadran construit et peint sur les directives du Père Bonfa en 1687 pour le collège des Jésuites de Grenoble.

La mort, la vie, le soleil, représentent à eux seuls 80 % des devises, et les 20 % restants ne sont pas négligeables non plus. On rencontre souvent parmi ces dernières les allusions les plus pittoresques, les discours les plus inattendus. En général, elles parlent de Dieu et de la nécessité de prier, de la vanité des choses de ce monde, des lois de l'hospitalité et de l'obligation de faire le bien, de la valeur du travail, des devoirs envers la patrie et de la politique, de la science du gnomon. Elles donnent des conseils de vie avec sagesse, humour, autorité, modération ou excès. Aucune régle ne leur est applicable. Le cadran parle, dit ce qu'il veut. Nous nous contenterons de quelques exemples, mais chaque voyageur attentif peut en rencontrer d'autres.

LOUANGE A DIEU ET PRIERE

*« Par le soleil je donne l'heure
en Dieu tu trouves ton espoir »*
Le Pinet (Isère)

*« Sans le soleil je ne suis rien
et toi sans Dieu tu ne peux rien »*
Claix (Isère)

« Dieu soit béni »
Claix (Isère)

« O Jésus mon amour, Dieu soit béni »
Hameau de Chimilin (Isère)

« Vive la religion, bénissons le seigneur »
Saint-Hilaire du Rosier, 1824 (Isère)

« Gloire à dieu qui peut tout »
Sillans, 1842 (Var)

« Prie, c'est l'heure »
Aix-en-Provence, Route de Vauvenargues (Bouches-du-Rhône)

« Voici l'heure où les adorateurs l'adoreront »
La Salle de Briançon (Hautes-Alpes)

« Le Christ est avec nous »
Larche (Alpes-de-Haute-Provence)

« Rendons grâce à Dieu »
Saint-Romans, 1831 (Isère)

« A Dieu seul honneur et gloire »
Molines Queyras, 1836
La Roche de Rame (Hautes-Alpes)

« Son nom est antérieur au soleil »
Briançon, 1823 (Hautes-Alpes)
Saint-Martin d'Hères (Isère)
Apprieu (Isère)

« Les cieux proclament la gloire de Dieu »
Sassenage (Isère)

« Etoiles du ciel, bénissez le seigneur »
Cervières (Hautes-Alpes)

« Quelque heure que je marque, on ne doit chercher que Dieu seul »
Sospel (Alpes-Maritimes)

La fragilité des choses, la fuite du temps sont une source inépuisable de méditation. En quelques mots, tout est dit sur la vanité du monde : du Bossuet sur les façades. Donnons quelques exemples :

« Il est plus tard que jeunesse ne pense »
Pelvoux, 1758 (Hautes-Alpes)

« Le jour chasse le jour »

« Le temps court sans jamais s'arrêter »
Izeaux, 1844 (Isère)

« Le printemps ne dure pas toujours »
Hameau des Glaises, 1783 (Isère)

« Elles coulent rapidement pour ceux qui sont dans la joie »
Saint-Savin (Isère)

« Le temps fuit »
Saint-Maurice (Isère)
Chapareillan (Isère)
Grenoble (Isère)

« Tu les comptes, elles fuient »
Virieu, 1692 (Isère)

« Les jours passent comme les pèlerins »
Saint-Geoirs (Isère)

« Homme mortel ! les heures dont tu vois l'image
Passent vite, tu dois en faire un saint usage »
Saint-Pierre de Bressieu (Isère)

« L'heure va naitre, elle est, elle est passée »
Les Queyrelles, 1868 (Hautes-Alpes)

« Nos jours passent comme l'ombre »
Grasse (Alpes-Maritimes)
Rives, 1776 (Isère)

« Pendant que je parle, le temps fuit
La vie s'enfuit comme l'ombre »
Briançon, 1723 (Hautes-Alpes)

« Hélas que les jours sont passés »
Les Avenières (Isère)

« De même nos instants s'écoulent »
Arvieux, 1857 (Hautes-Alpes)

« Une de plus, une de moins »
Annecy, 1844 (Haute-Savoie)

« Il est plus tard que vous ne croyez »
Abries, 1822 (Hautes-Alpes)

« Le temps est rapide »
Saint-Etienne de Tinée (Alpes-Maritimes)

« Elle fuit, hélas »
Plampinet (Hautes-Alpes)
Sachat, 1813 (Hautes-Alpes)

« L'heure fuit »
Pont Royal (Vaucluse)

« en pleine lumière toutes choses sont vaines »
Ville de Vallouise, 1840 (Hautes-Alpes)

« Vérité au-dessus du soleil, vanité au-dessous »
Beauvoir (Isère)

Le cadran ne se contente pas d'une réflexion sur la futilité du monde, il aime donner des conseils :

« Regardez et agissez »
Pey Loubet, 1876 (Alpes-Maritimes)

« C'est l'heure de se convertir »
La Rivière (Isère)

« Hâte-toi avec modération »

« N'en perds aucune »
Fontienne, 1855 (Alpes-de-Haute-Provence)

« Après le travail le repos »

« Ne perdez point le temps à des choses frivoles le sage est messager du temps et de paroles »
Le Bez (Hautes-Alpes)

« L'ambition est la perte de l'honneur »
Le Bez (Hautes-Alpes)

« Faisons le bien tant que nous en avons le temps »
Virieu (Isère)

« Le plaisir les abrège »
Virieu (Isère)

« Que ce ne soit pas pour motif frivole que vous vous levez avant l'aurore »
Bellegarde-Poussieu (Isère)

« Celui qui dort la grasse matinée
doit travailler l'après dinée »
La Chapelle de La Tour du Pin (Isère)

« Qu'aucune ne s'écoule dont tu ne veuilles te souvenir »
Tourettes, 1846 (Var)
Fréjus (Var)

« Toutes sont égales, nos mérites seuls les distinguent »
Voiron, 1786 (Isère)

« Que le soleil ne se couche pas sur votre colère »
Chambéry, 1694 (Savoie)

« C'est l'heure de faire le bien »
Beauvallon (Var)

« Qui fait le bien et le publie
ne reçoit rien dans l'autre vie »
Aime (Savoie)

« Rendez à César, ce qui appartient à César »
Château de la Malle (Alpes-Maritimes)

« Il n'est nulle borne au travail »
Plan de Moissac (Var)

Parmi les qualités vantées, deux ont une place privilégiée : le sens de l'hospitalité et le travail :

HOSPITALITE :

« N'importe quelle heure pour les amis »

« Qui logera le pauvre du bon Dieu aura le royaume des cieux »
Saint-Nicolas de Macherin, 1721 (Isère)

« A toute heure pour les amis »
Vourey (Isère)

« Ici frappe à toute heure »
Réaumont (Isère)

« A qui sait aimer, les heures sont roses »

« Travaillez car le temps s'enfuit »
Le Bez (Hautes-Alpes)

« Sers-toi des heures sans les compter,
Travaille sans consulter le cadran »
Saint-Hilaire du Rosier, 1770 (Isère)

« L'heure du travail »
Izeaux (Isère)

Les devises **politiques et patriotiques** sont apparues avec la Révolution française, elles ont survécu au XIXe siècle.

« Faite par Liobar l'an de l'heureuse révolution française »
Veyrins, 1789 (Isère)

« Pour la patrie, vaincre ou mourir »
Polienas, 1791 (Isère)

« Nous sommes tous égaux en droit »
Cras, 1793 (Isère)

« Que l'heure soit favorable aux vrais patriotes »
Eyguières (Bouches-du-Rhône)

« C'est l'heure d'obéir au roi »
Beaucroissant (Isère)

« Obéissance aux autorités civiles et militaires
Respect aux cultivateurs qui nourrissent tout »
Sillans, 1842 (Var)

« Quiconque aime son Dieu, son roi et sa patrie
mérite de jouir des heures de la vie »
Aups (Var)

Enfin, pour terminer, il ne faut pas négliger les petites inscriptions purement **scientifiques** : souci d'exactitude, démonstrations mathématiques, humour de savant :

« Lorsqu'il est midi ici, il est 11 h 43 mn à Paris »
La Roche de Rame (Hautes-Alpes)

« Si tu veux savoir l'heure d'après l'ombre portée par les rayons de lune, prends le jour de la lune ; ajoutes-y l'heure marquée par l'ombre de cet astre sur le cadran et alors tu pourras par hasard avoir l'heure du soleil »
Bourg d'Oisans (Isère)

LA TECHNIQUE

Comment sont faits les cadrans

Le mot cadran (quadran jusqu'au XVIIIe siècle) vient de quadrans, participe présent de « quadrare » : être carré. A l'origine, il se présente comme une surface simple, dont la largeur égale la longueur. Par la suite, les formes varient, du carré au rectangle, au cercle, à l'ellipse, à l'octogone... (Arvieux, photo 35).

Par extension, le mot cadran ou gnomon signifie à la fois la table ou le tableau ; la tige habituellement nommée style, axe ou aiguille, les lignes horaires avec leurs appendices éventuels : courbe de temps moyen, table des déclinaisons, corrections diverses.

a) Le tableau du cadran

Il est horizontal ou vertical, en général plan et de couleur claire afin que l'ombre du style s'y distingue nettement. Il est peint sur un mur orienté de préférence au Sud, mais tous les azimuts peuvent se rencontrer de l'Est à l'Ouest.

b) Le style

Il est composé d'une tige métallique, rectiligne, rigide (qui matérialise l'axe du monde), fixée solidement à la surface du cadran. Il se termine par une flèche et, dans ce cas, une ombre fine se projette sur le tableau. Il peut aussi porter une plaque ronde avec un trou appelé « œilleton » ; le soleil fait alors paraître un point brillant sur le cadran des heures.

La longueur du style est étudiée afin que l'ombre ou le point lumineux ne tombe pas au-delà du tableau lors du solstice d'été, et qu'il s'écarte assez du centre lors du solstice d'hiver.

c) Les lignes horaires

Elles forment des segments de droite, issus de la base du style et de longueur variable. Elles portent à leurs extrémités l'indication des heures rondes, parfois des demi-heures, et même des quarts d'heure. La plupart des cadrans sont faits selon le même principe :

- Le tableau est vertical ;
- Pour simplifier les calculs, le style est parallèle à l'axe de rotation de la terre, c'est-à-dire à la ligne des pôles, perpendiculaire à l'équateur.

Comme on peut le voir sur la figure, l'aiguille fait un angle complémentaire de la latitude avec le mur vertical. Cette orientation est impérative. Un cadran ne peut pas être déplacé sans subir de profondes modifications. Si le tableau est orienté au Sud, le style est placé dans le plan méridien, les lignes horaires sont la projections sur un plan vertical d'un ensemble de rayons distants de 15° et faisant avec l'horizon du lieu un angle égal à la latitude.

Si le cadran est vertical, mais déclinant (oriental : face vers l'Est ou occidental : face vers l'Ouest), le tracé des lignes horaires est déformé et le style n'est plus tourné vers le Sud. Les mathématiques pures sont alors abordées.

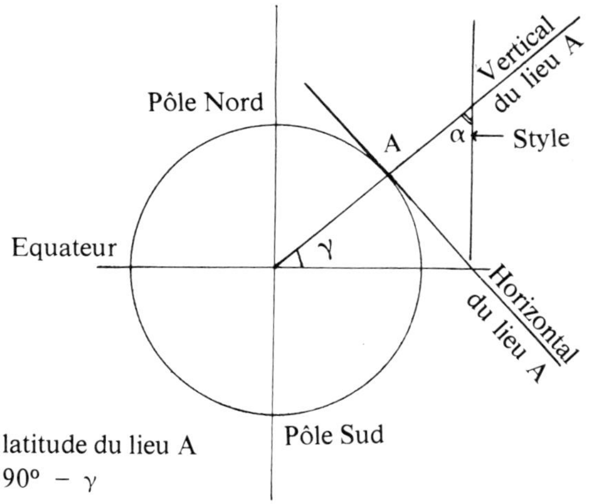

γ : latitude du lieu A
$\alpha : 90° - \gamma$

Comment construire un cadran solaire

Cette deuxième question est la plus délicate. Un cadran simple, vertical et tourné vers le Sud sera pris comme exemple.

La première tâche consiste à définir le tableau, à tracer ses limites : longueur, largeur. Ensuite, il faut chercher la latitude du lieu (cf. « exactitude d'un cadran »). De bonnes cartes donnent une approximation suffisante ; sans elles, il faut procéder comme les cadraniers du XVIIIe siècle :

prendre la plus grande hauteur du soleil (sa culmination) et calculer la latitude par la formule :

Latitude = Hauteur zénitale + Déclinaison du soleil

La troisième opération est la recherche du méridien. Pour le déterminer, il n'est pas conseillé d'utiliser la boussole. Ses erreurs : déclinaisons et déviations sont trop importantes. Les hauteurs correspondantes utilisées jusqu'à la fin du XVIIIe siècle sont la solution idéale, mais de nos jours nous pouvons utiliser la montre. On calcule l'heure vraie du passage au méridien par l'équation du temps, la longitude, et la correction d'heure légale en appliquant la formule : Heure vraie = Heure légale + E − Longitude − 1 h ou 2.

La latitude donne l'inclinaison du style, le méridien son orientation. Il est alors possible de le poser. Sa longueur doit être égale à la moitié du tableau. L'axe étant fixé et le Sud bien connu, nous avons la ligne horaire de 12 heures (midi vrai).

Pour le tracé des lignes horaires, trois solutions sont possibles : le calcul, la projection, l'observation.

- La méthode mathématique est difficile, elle fait intervenir diverses formules de trigonométrie sphérique. Elle est à déconseiller, sauf pour les amateurs de calculs.

- La projection est un procédé simple et rapide. On enfile sur le style un disque gradué de 15 en 15 degrés (sachant que 15° = 1 heure). A partir de ce disque, on reporte sur une ligne à l'aide d'une ficelle les intersections des segments horaires avec le plan vertical. Il n'y a plus qu'à compléter le tracé.

- La méthode empirique est la plus facile, mais elle est longue. Elle consiste à régler sa montre sur l'heure solaire vraie en effectuant les trois corrections d'équation du temps, de longitude, d'heure légale, le jour du solstice d'été ou du solstice d'hiver. On marque d'heure en heure la ligne correspondante à l'ombre portée par le style. On obtient ainsi le tracé des lignes horaires. Si le soleil fait défaut ce jour-là, on obtient, malgré tout, un beau cadran en travaillant dans l'intervalle de temps d'une semaine ou deux.

Si le cadran du soleil n'est pas au Sud, s'il n'est pas vertical, le problème est beaucoup plus compliqué. Les ouvrages de Bedos de Celle ou, plus récemment, de René Rohr (Les Cadrans Solaires - Gauthier Villars 1965), sont alors indispensables.

Comment lire l'heure sur un cadran peint

La lecture de l'heure au cadran du soleil est une opération simple, à la portée de tous. Elle nécessite une bonne perception visuelle et un rapide calcul mental.

Si l'ombre s'affiche directement sur une ligne horaire, il suffit de noter l'indication portée sur le tracé. En revanche, quand le soleil se projette entre deux lignes, il faut apprécier sa position, mais avec un peu d'habitude, l'approximation est réduite, il n'est pas rare d'atteindre une précision de quelques minutes.

Mais l'heure lue sur le cadran n'est pas l'heure légale (l'heure moyenne, celle de l'horloge) c'est l'heure solaire vraie du lieu. Pour avoir l'heure légale, trois corrections s'imposent :

1) **L'équation du temps.** Il s'agit de l'écart (en + ou en −) entre le temps vrai au temps moyen. Cet écart dû à la variation de vitesse de la terre selon sa position sur son orbite autour du soleil est précisément donné par la table « Valeurs moyennes de l'équation du temps » que l'on trouve en fin d'ouvrage (page 94).

2) **La longitude.** En France, elle varie de + 20 minutes à − 30 minutes, selon que l'on est à l'Ouest ou à l'Est du méridien de Paris. Dans la région Savoie, Provence, Alpes, Côte d'Azur, elle est toujours négative, de − 18 minutes pour Arles à − 30 minutes à proximité de la frontière italienne.

3) **Le décalage légal.** Il est d'une heure ou deux, selon la période de l'année (heure d'été, heure d'hiver).

En résumé l'Heure légale =
Heure vraie − E + Longitude + 1 heure ou 2

CADRAN SOLAIRE D'AIGUILLES-EN-QUEYRAS

Carte Michelin n° 77 au 1/200.000e - Méridien d'origine : Paris - Pli 19.
Espacement des méridiens : 0,20 grades / 71 millimètres.
Espacement des parallèles : 0,20 grades / 100 millimètres.
OBSERVATION du 13 septembre 1984 à 13 h 19 mn (heure légale).

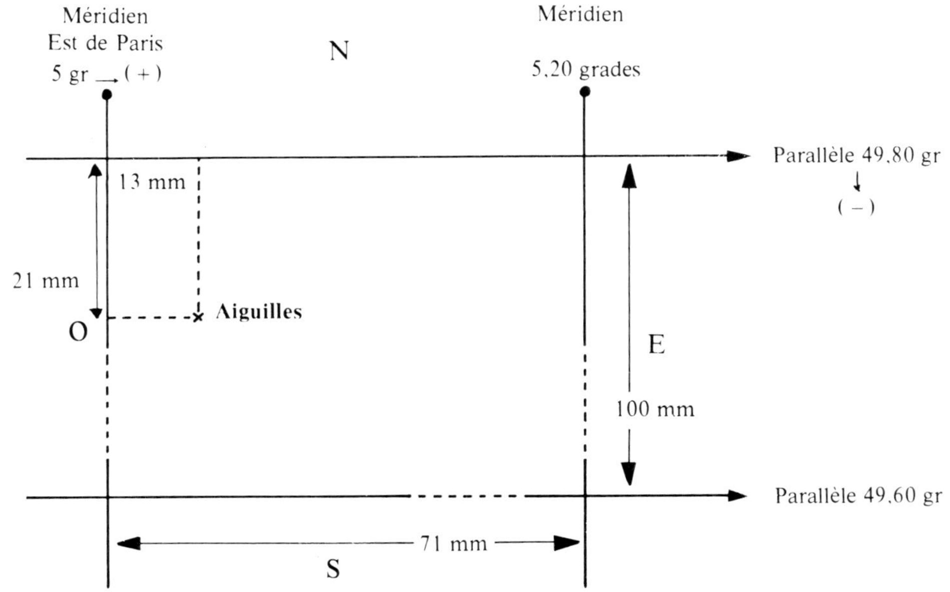

Longitude E (par rapport au méridien d'origine de Greenwich)	Méridien O de départ (origine de la mesure) (2) $\frac{0,20 \times 13}{71}$ = ... Soit longitude E Paris .... Conversion en degrés : – décimaux (× 0,9) .... (a) – sexagésimaux .... (b) (3) Ecart Paris-Greenwich 2°20'14" .... (c) (4) soit longitude E de Greenwich (−)........ (b + c) (5) Correction de longitude en unités de temps»	5,00 gr + 0,036 gr 5,036 gr 4,5329°	 4°31'58" 2°20'14" − 6°52'12" −0 h 27 m 28 s
Latitude N par rapport à l'Equateur (parallèle d'origine)	Parallèle N de départ (origine de la mesure) $\frac{0,20 \times 21}{100}$ = ... (6) soit latitude N en grades .... Conversion en degrés — décimaux (× 0,9) .... — sexagésimaux (voir page 91)	49,80 gr − 0,042 gr 49,758 gr 44°782	 44°46'55"
Constante du cadran	**Corrections fixes** – décalage de l'heure – correction de longitude (ci-dessus [5]) .... (7) **Constante du cadran** (somme des corrections fixes)	**Heure d'Eté** + 2 h 00 m 00 s − 0 h 27 m 28 s + 1 h 32 m 32 s	**Heure d'Hiver** + 1 h 00 m 00 s − 0 h 27 m 28 s + 0 h 32 m 32 s

Ce cadran est représenté photo 32

Comment vérifier l'exactitude d'un cadran

En prenant l'exemple du cadran solaire d'Aiguilles (05), représenté sur la photo 32, vérifions et comparons l'heure « vraie » lue au cadran avec l'heure légale « moyenne » lue simultanément sur une montre.

Ci-contre, le formulaire type de calcul pour déterminer les longitude et latitude du lieu et les corrections en temps dues à la longitude. La démonstration est faite pour la longitude ; la **latitude** est obtenue par calcul similaire à seule fin de situer le lieu (6).

La figure (1) reproduit un rectangle contenant le lieu où est situé le cadran et délimité par les méridiens de longitude O et E, les parallèles N et S relevés en grades sur la carte Michelin n° 77, 1/200.000ᵉ : les écarts des méridiens et parallèles sont ici de 0,20 gr.

Reporter sur ce rectangle, en millimètres, les écarts des méridiens, des parallèles, abscisse et ordonnée du lieu sur la carte. Calculer alors la **longitude** en partant des rapports mm/grades relevés sur la carte (2).

Le résultat obtenu en grades est transformé en degrés, minutes et secondes d'arc :

a) en degrés décimaux suivant la relation 100 grades = 90° et 1 grade = 0,9° (soit × 0,9).

b) en degrés sexagésimaux suivant la relation : 1° = 60' et 1' = 60"

Soit dans le cas étudié, partant de 4,5329°, on obtient successivement :

4,5329	=	4°	
0,5329 × 60'	=	0° 31',974	
0,974 × 60"	=		58"
Soit		4° 31'	58"

Ce qui nous donne la longitude du lieu par rapport à Paris, les cartes Michelin étant établies en prenant le méridien de Paris comme méridien d'origine 0. Il faut donc appliquer la correction de l'écart Paris-Greenwich (3) pour retrouver la longitude à partir du méridien de référence horaire : méridien 0 de Greenwich (4). Les valeurs à l'Est de ce point sont négatives et positives à l'Ouest.

Correction de longitude (5) : transformer la longitude obtenue en degrés, minutes, secondes d'angle en unité horaire sachant que

1° de longitude	=	4 minutes de temps
1' »	=	4 secondes de temps
1" »	=	0,06666 seconde de temps

La constante du cadran (7) est la somme des corrections fixes (décalage été/hiver, corrections de longitude). Ici, + 1 h 32 mn 32 sec.

Dernière correction à prendre en compte, celle de l'**équation du Temps** en se reportant à la table « Valeurs moyennes de l'équation du temps » (p. 94).

Pour notre exemple du 13 septembre : 4 mn 1 sec.

VERIFICATION FINALE le 13 septembre

Heure lue au cadran	=	11 h 45 m 00 s
Constante du cadran	= +	1 h 32 m 32 s
		12 h 77 m 32 s
Correction de l'Equation du Temps le 13 septembre	= −	0 h 4 m 1 s
Le cadran solaire donne après correction, l'heure légale de	=	13 h 13 m 31 s

Heure légale notée à la montre au moment de l'observation : 13 h 19 m 00 s

Le cadran observé accuse donc sur l'heure légale un retard de 6 mn environ :

13 h 19 m 0 s − 13 h 13 m 31 s = 0 h 5 m 29 s

Les causes peuvent être dues :

- à la mauvaise position du style (déplacé, ébranlé depuis son origine) ;
- à la lecture plus ou moins précise faite sur le cadran (épaisseur de l'ombre du style). On choisira de préférence une superposition de l'ombre avec une ligne précise du cadran.
- à l'heure de votre montre...

Mais il faut bien remarquer que les cadrans solaires ne sont pas destinés à donner les secondes qui sont mises en évidence ici par la démonstration mathématique. Pour l'anecdote, disons que le cadran de Prelles (photo 28) restauré en 1984 accusait, le 25 août 1984, une différence de 7 secondes seulement !

CERVIERES : UN EXEMPLE DE RESTAURATION

Le cadran de Cervières, village du Briançonnais (Hautes-Alpes), est apposé sur la façade de la Mairie dont il est le seul décor. Son style était tordu, rouillé, la fresque bien endommagée par l'usure du temps, les intempéries et les adjonctions de ciment.

En février 1983, le maire entreprend toutes les démarches pour la mise en route des travaux de restauration. Il est appuyé par le Conseil Municipal et l'ensemble de la population. La commune participe pour un cinquième à la dépense et met en place les échafaudages nécessaires ; le Conseil d'Architecture, d'Urbanisme et d'Environnement des Hautes-Alpes, finance les quatre cinquièmes restants.

Jean François Gavoty, jeune artiste grenoblois, spécialiste de restauration, se voit confier l'ensemble du chantier. Il fournit le petit outillage et les matériaux de consolidation et de réintégration. Il nettoie, dégage les trous de scellement, assure les bouchages au stuc (araldite et poudre de marbre), scelle à nouveau le style. Il assure la réintégration des lacunes de la décoration (couleurs aquarelles, divers pigments, fiel de bœufs), reconstitue les tracés et les chiffres du cadran et fixe définitivement les couleurs. La visibilité du cadran est comparable à celle de sa création, tout en laissant paraître son âge. J.-F. Gavoty définit les résultats obtenus « le cadran tel qu'il est actuellement, affecté par son temps, intervient comme une trace de notre mémoire collective, mémoire d'un siècle ancien où la terre semblait au centre de l'univers. C'est pourquoi, nous tenons à ce que la restauration puisse se dissocier techniquement de ce que l'érosion en a préservé, rendant possibles d'autres interventions ultérieures, d'autres regards, d'autres goûts ; cela dans la mesure où la science la plus rigoureuse ne peut remplacer notre place subjective de restaurateurs ».

Aux côtés de J.-F. Gavoty, deux architectes : Alexandrine Bres et Jacques Javieux, conseillers au CAUE, assurent l'animation et le suivi des travaux.

Ils poursuivent l'action de sensibilisation entamée depuis quelques années par la Jeune Chambre Economique du Briançonnais, avec la participation très active de M. Amel Brandt. Ils recherchent les cadrans intéressants, des propriétaires motivés, des restaurateurs. Leurs initiatives aboutissent par l'intermédiaire de M. Alain Tillier, architecte des Bâtiments de France, et de Mme Becklyne, responsable de l'association du Vieux Manoir, à la restauration d'un certain nombre de cadrans, en particulier ceux de Saint-Martin de Queyrières, Villar-Saint-Pancrace et Névache ; viendront ensuite ceux de Briançon et du Rèallon. L'élan est donné, il n'est plus rare de voir l'échafaudage du restaurateur se dresser pour la remise en état des plus beaux cadrans peints des Alpes Françaises.

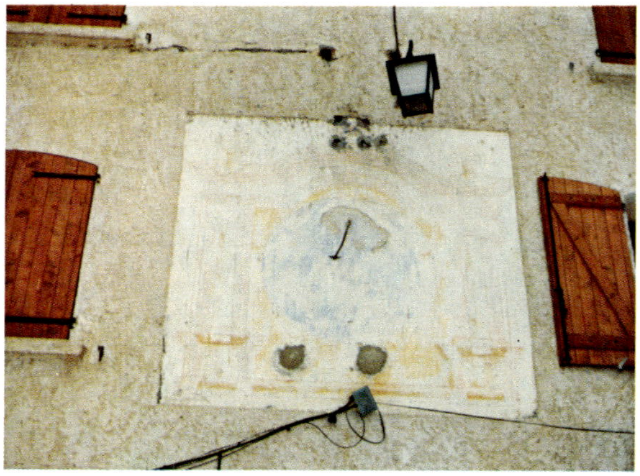

47/ CERVIERES

VALEURS MOYENNES DE L'EQUATION DU TEMPS (minutes et secondes) sur 4 années (intervalle bissextile) à midi T.U.

Date	Janvier	Février	Mars	Avril	Mai	Juin	Juillet	Août	Septembre	Octobre	Novembre	Décembre
1	− 3 27	− 13 37	− 12 27	− 3 57	+ 2 56	+ 2 19	− 3 41	− 6 15	− 0 02	+ 10 16	+ 16 22	+ 11 00
2	− 3 55	− 13 44	− 12 15	− 3 40	+ 3 03	+ 2 10	− 3 52	− 6 11	+ 0 17	+ 10 35	+ 16 24	+ 10 37
3	− 4 23	− 13 51	− 12 02	− 3 22	+ 3 09	+ 2 00	− 4 04	− 6 07	+ 0 36	+ 10 54	+ 16 24	+ 10 14
4	− 4 50	− 13 58	− 11 49	− 3 04	+ 3 15	+ 1 50	− 4 15	− 6 02	− 0 56	+ 11 12	+ 16 24	+ 9 50
5	− 5 17	− 14 03	− 11 36	− 2 47	+ 3 21	+ 1 40	− 4 26	− 5 56	+ 1 16	+ 11 30	+ 16 22	+ 9 26
6	− 5 44	− 14 07	− 11 22	− 2 30	+ 3 26	+ 1 29	− 4 36	− 5 50	+ 1 36	+ 11 48	+ 16 20	+ 9 01
7	− 6 10	− 14 11	− 11 08	− 2 13	+ 3 30	+ 1 18	− 4 46	− 5 43	+ 1 56	+ 12 06	+ 16 17	+ 8 35
8	− 6 36	− 14 14	− 10 54	− 1 56	+ 3 34	+ 1 07	− 4 56	− 5 36	+ 2 17	+ 12 23	+ 16 14	+ 8 09
9	− 7 02	− 14 16	− 10 39	− 1 39	+ 3 37	+ 0 55	+ 5 05	− 5 28	+ 2 37	+ 12 39	+ 16 09	+ 7 42
10	− 7 26	− 14 18	− 10 23	− 1 23	+ 3 40	+ 0 43	− 5 13	− 5 19	+ 2 58	+ 12 56	+ 16 04	+ 7 15
11	− 7 50	− 14 18	− 10 08	− 1 07	+ 3 42	+ 0 31	− 5 21	− 5 10	+ 3 19	+ 13 11	+ 15 58	+ 6 48
12	− 8 14	− 14 18	− 9 52	− 0 51	+ 3 43	+ 0 19	− 5 29	− 5 00	+ 3 40	+ 13 27	+ 15 51	+ 6 20
13	− 8 37	− 14 17	− 9 36	− 0 35	+ 3 44	+ 0 07	− 5 37	− 4 50	+ 4 01	+ 13 41	+ 15 43	+ 5 52
14	− 8 59	− 14 16	− 9 19	− 0 20	+ 3 44	− 0 05	− 5 44	− 4 39	+ 4 23	+ 13 56	+ 15 34	+ 5 24
15	− 9 21	− 14 13	− 9 02	− 0 05	+ 3 44	− 0 18	− 5 50	− 4 27	+ 4 44	+ 14 09	+ 15 24	+ 4 55
16	− 9 42	− 14 10	− 8 45	+ 0 09	+ 3 43	− 0 31	− 5 56	− 4 15	+ 5 05	+ 14 22	+ 15 14	+ 4 26
17	− 10 02	− 14 02	− 8 28	+ 0 23	+ 3 42	− 0 44	− 6 01	− 4 03	+ 5 27	+ 14 35	+ 15 03	+ 3 57
18	− 10 22	− 14 02	− 8 10	+ 0 37	+ 3 40	− 0 57	− 6 06	− 3 50	+ 5 48	+ 14 47	+ 14 50	+ 3 27
19	− 10 41	− 13 57	− 7 53	+ 0 51	+ 3 38	− 1 10	− 6 11	− 3 36	+ 6 09	+ 14 58	+ 14 37	+ 2 58
20	− 10 59	− 13 51	− 7 35	+ 1 04	+ 3 35	− 1 23	− 6 15	− 3 22	+ 6 31	+ 15 09	+ 14 24	+ 2 28
21	− 11 16	− 13 44	− 7 17	+ 1 16	+ 3 31	− 1 36	− 6 18	− 3 08	+ 6 52	+ 15 19	+ 14 09	+ 1 58
22	− 11 33	− 13 37	− 6 59	+ 1 28	+ 3 27	− 1 49	− 6 20	− 2 53	+ 7 13	+ 15 28	+ 13 53	+ 1 28
23	− 11 49	− 13 29	− 6 41	+ 1 40	+ 3 23	− 2 02	− 6 22	− 2 38	+ 7 34	+ 15 37	+ 13 37	+ 0 58
24	− 12 04	− 13 21	− 6 23	+ 1 51	+ 3 18	− 2 15	− 6 24	− 2 22	+ 7 55	+ 15 45	+ 13 20	+ 0 28
25	− 12 18	− 13 12	− 6 05	+ 2 02	+ 3 12	− 2 28	− 6 25	− 2 06	+ 8 15	+ 15 52	+ 13 02	+ 0 02
26	− 12 32	− 13 02	− 5 46	+ 2 12	+ 3 06	− 2 40	− 6 25	− 1 49	+ 8 36	+ 15 59	+ 12 44	− 0 32
27	− 12 45	− 12 52	− 5 28	+ 2 22	+ 2 59	− 2 53	− 6 25	− 1 32	+ 8 56	+ 16 05	+ 12 24	− 1 01
28	− 12 57	− 12 41	− 5 10	+ 2 31	+ 2 52	− 3 05	− 6 24	− 1 15	+ 9 16	+ 16 10	+ 12 04	− 1 01
29	− 13 08	(− 12 34)	− 4 52	+ 2 40	+ 2 44	− 3 18	− 6 23	− 0 57	+ 9 36	+ 16 14	+ 11 44	− 2 00
30	− 13 18		− 4 34	+ 2 48	+ 2 36	− 3 30	− 6 21	− 0 39	+ 9 56	+ 16 17	+ 11 22	− 2 29
31	− 13 28		− 4 15		+ 2 28		− 6 18	− 0 21		+ 16 20		− 2 58

Changer de signe lorsque l'on veut, partant de l'heure lue au cadran, retrouver l'heure légale.
« L'Equation du Temps correspond à la différence + ou − entre jour VRAI (jour solaire) et jour MOYEN (arrêté par convention à 24 h) due à la variation de la vitesse de translation de la Terre selon sa position sur son orbite et de la déclinaison du soleil. »

TROIS ITINERAIRES

DES CADRANS SOLAIRES PEINTS

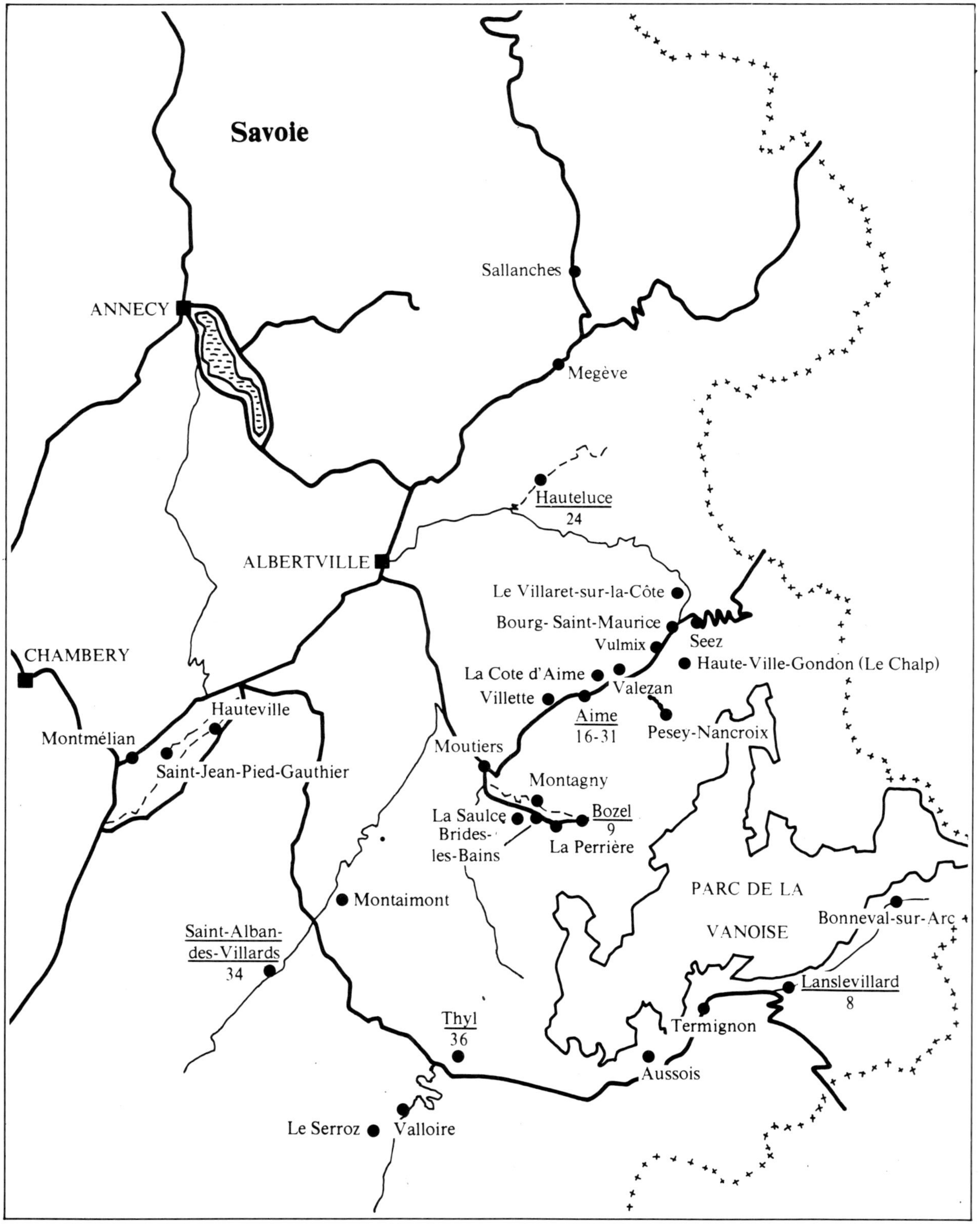

(Les chiffres sous les localités soulignées renvoient à la photo correspondante.)

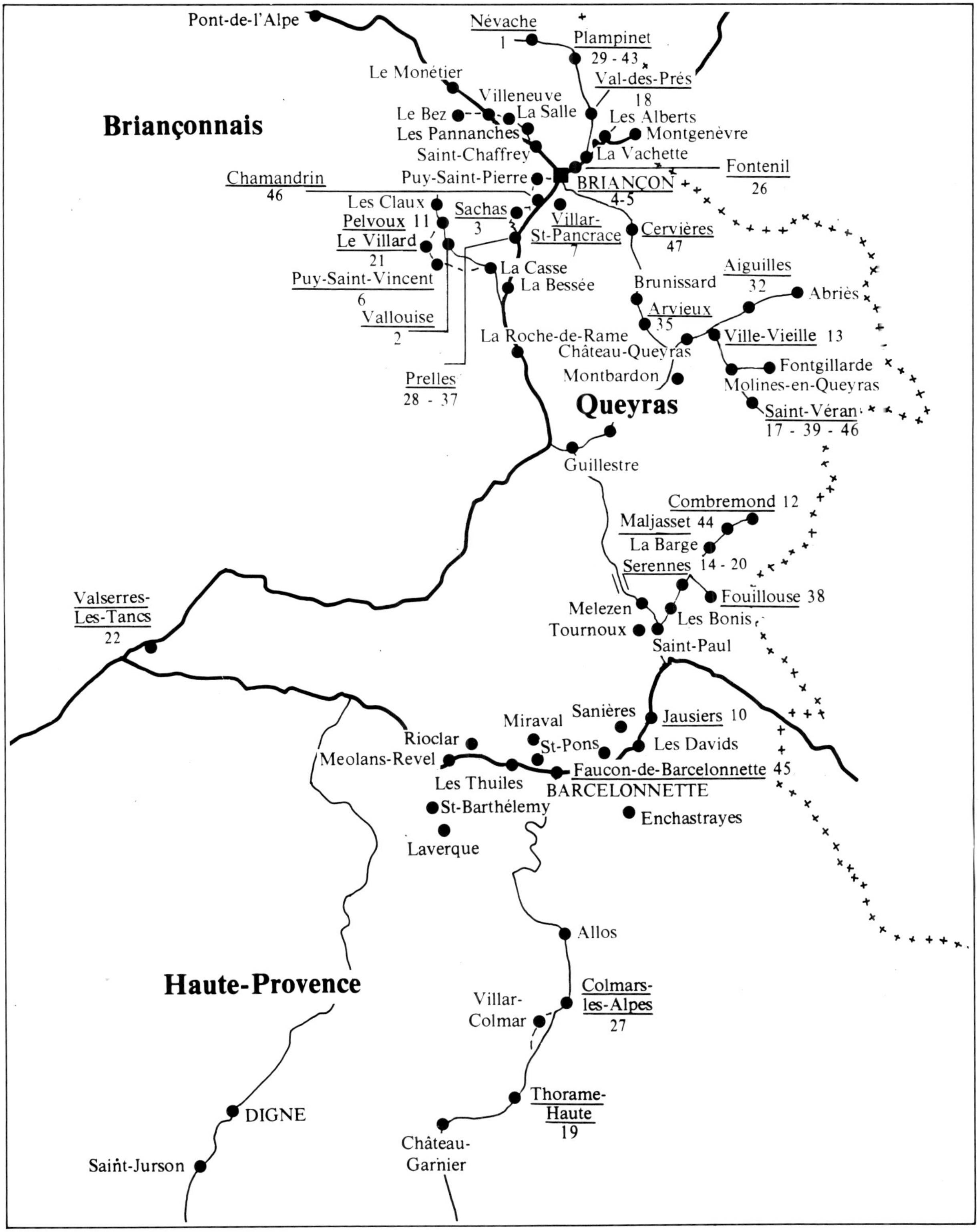
Briançonnais
Queyras
Haute-Provence
Pont-de-l'Alpe
Névache
1
Plampinet
29 - 43
Val-des-Prés
18
Le Monétier
Villeneuve
Le Bez
La Salle
Les Alberts
Montgenèvre
Les Pannanches
Saint-Chaffrey
La Vachette
Fontenil
26
Chamandrin
46
Puy-Saint-Pierre
BRIANÇON
4-5
Les Claux
Pelvoux 11
Sachas
3
Villar-St-Pancrace
7
Cervières
47
Le Villard
21
La Casse
La Bessée
Brunissard
Aiguilles
32
Abriès
Puy-Saint-Vincent
6
Arvieux
35
Vallouise
2
La Roche-de-Rame
Château-Queyras
Ville-Vieille 13
Fontgillarde
Molines-en-Queyras
Prelles
28 - 37
Montbardon
Saint-Véran
17 - 39 - 46
Guillestre
Combremond 12
Maljasset 44
La Barge
Serennes 14 - 20
Fouillouse 38
Melezen
Les Bonis
Tournoux
Saint-Paul
Valserres-Les-Tancs
22
Sanières
Miraval
Jausiers 10
Rioclar
St-Pons
Les Davids
Meolans-Revel
Faucon-de-Barcelonnette 45
Les Thuiles
BARCELONNETTE
St-Barthélemy
Enchastrayes
Laverque
Allos
Colmars-les-Alpes
27
Villar-Colmar
Thorame-Haute
19
DIGNE
Château-Garnier
Saint-Jurson

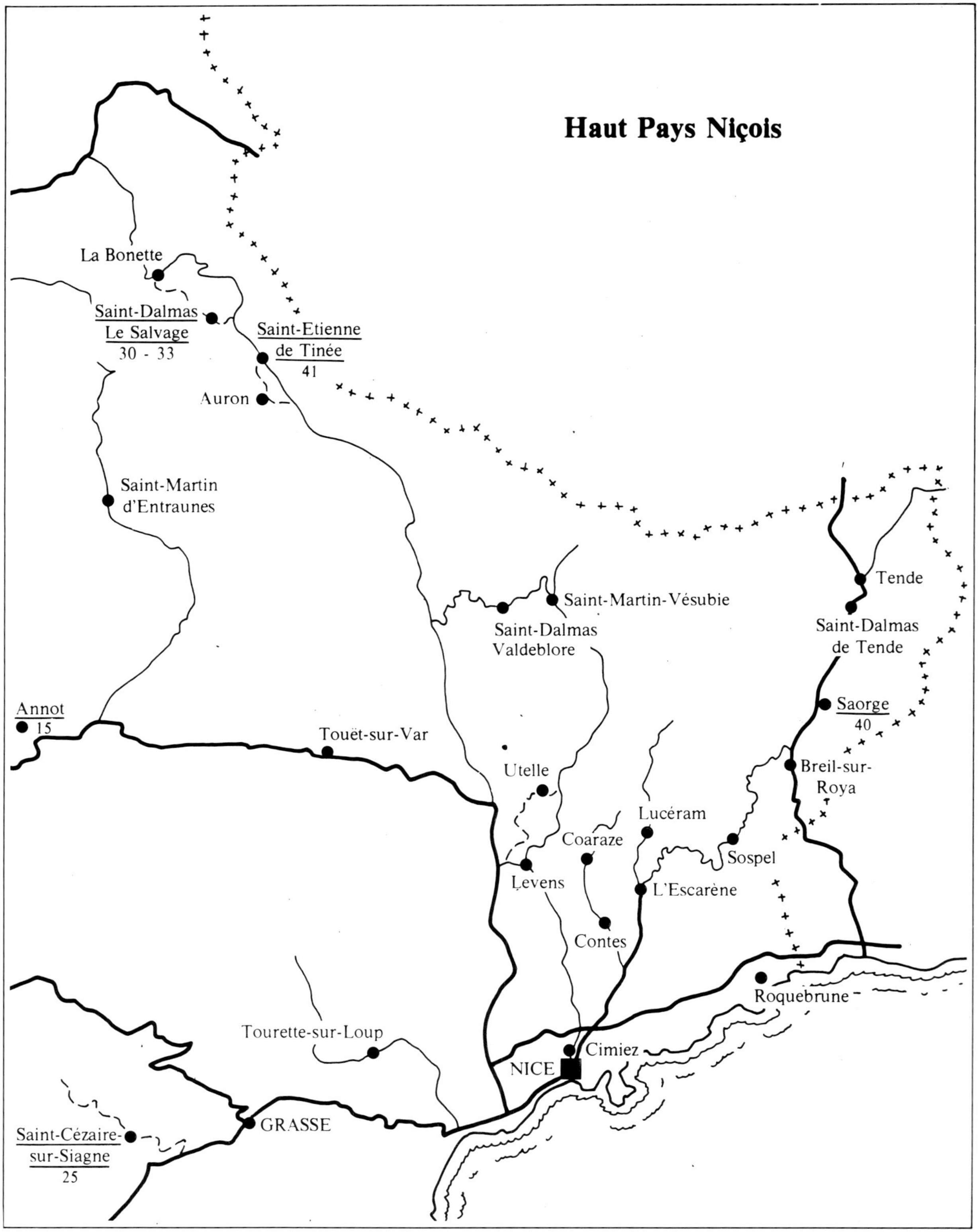
Haut Pays Niçois
La Bonette
Saint-Dalmas
Le Salvage
30 - 33
Saint-Etienne
de Tinée
41
Auron
Saint-Martin
d'Entraunes
Saint-Martin-Vésubie
Saint-Dalmas
Valdeblore
Tende
Saint-Dalmas
de Tende
Saorge
40
Annot
15
Touët-sur-Var
Utelle
Breil-sur-
Roya
Lucéram
Coaraze
Sospel
Levens
L'Escarène
Contes
Roquebrune
Tourette-sur-Loup
Cimiez
NICE
GRASSE
Saint-Cézaire-
sur-Siagne
25

BIBLIOGRAPHIE

BEDOS DE CELLE - La Gnomonique Pratique, Paris, 1760 (réimprimé par L. Laget, Paris).

BIGOURDAN G. - Gnomonique, Paris, 1956.

BION - De la construction et des usages des cadrans solaires, Paris, 1752.

BLANCHARD - L'art populaire dans le Briançonnais - Les Cadrans Solaires, *in* Bulletin de la Société Savante des Hautes-Alpes, 1895.

BOURSIER Ch. - Huit cents devises de cadrans solaires, Paris, Berger-Levrault, 1936.

COLLENOT Marcel - Dessinons et réalisons huit cadrans solaires - Chez l'auteur, 26, rue du Neubourg, 27000 Evreux, 1982.

J. FUGRAND et Pierre BOURGE - Midi au soleil, Bazoches-sur-Hoëm, 1982.

J.M. HOMET - Les cadrans solaires, Paris, Massin, 1984.

MOUREAU - Lire correctement le cadran solaire, Carcassonne, 1962.

POMMIER Charles - Les cadrans solaires - Société Astronomique de Lyon, 1981.

REY - PAILHARDE - A. ROME - A. FAVOT - Le cadran solaire du Lycée de Grenoble (Bulletin société scientifique de l'Isère, tome 42).

RIVARD - La Gnomonique, Paris, 1767.

ROHR René - Les cadrans solaires, Paris, Gauthier-Villars, 1965.

SAINTE MARIE MADELEINE (Dom. Pierre de) - Traité d'horlogiographie, 1681.

Ce livre doit beaucoup aux autres ; les auteurs remercient chaleureusement :

M. Paul Gagnaire, membre de la Société Astronomique de France, pour sa recherche attentive des cadrans de Savoie.

Mlle Caroline Bres, ainsi que MM. Belmont et Porta, architectes des Bâtiments de France ;

MM. Francis Dunand, chercheur passionné des cadrans de l'Ubaye ; Niels Nielsen, cadranier à Cucuron ; J.-F. Gavoty, peintre à fresque ; Mlle Brigitte Feret ; Mlle Merle, de Val-des-Près ; M. Philip, menuisier à Thorame-Haute.

Notre travail a été largement facilité par leur amabilité et leur collaboration.

Enfin, un immense merci aussi à tous nos amis vigilants dans leur regard, attentifs au moindre cadran, et précis dans leurs signalements ; à nos épouses, à Eric, toujours d'accord pour une promenade à la découverte de ces visages du temps.

Que soit également remerciée, Martine Dumond, enthousiaste inconditionnelle à notre projet et guide de cet itinéraire du soleil.

LEGENDES DES PHOTOGRAPHIES

1/ Nevache * (05), rte N 94 G. Habitation (Sud-Sud-Est), 1885.

2/ Vallouise (05), rte D 994 e. Habitation (Sud-Sud-Est), 1840.

3/ Sachas (05), près de Prelles, rte N 94 puis D 336. Habitation (Sud-Sud-Ouest), 1767, restauré 1968.

4/ Briançon * (05). Cathédrale (Sud 150), 1719.

5/ Briançon * (05). Cathédrale (Sud 150), 1719.

6/ Puy-Saint-Vincent * (05), rte D 4. Auberge (Sud).

7/ Villard-Saint-Pancrace (05), rte D 36 près Briançon. Habitation (Sud-Sud-Ouest), 1773, restauré 1905.

8/ Lanslevillar (73), rte D 902. Eglise (Sud), 1745.

9/ Bozel * (73), rte D 915. Habitation (Sud).

10/ Jausiers * (04), rte D 900. Eglise (Sud-Sud-Est).

11/ Pelvoux (Les Claux) (05), rte D 994. Eglise (Sud), 1792.

12/ Combremond * (04), rte D 25, Haute-Ubaye. Ruine dans le haut village (Sud).

13/ Villevieille (05), rte D 947. Eglise (Sud), 1821.

14/ Serennes (04), rte D 25, Haute-Ubaye. Habitation (Sud), 1807.

15/ Bontes (Annot) (04), rte D 908. Habitation, cadran dit "oriental" (Est-Est-Sud), 1808.

16/ Aime (73), rte N 90. Eglise (Sud), 1816, restauré 1971.

17/ Saint-Véran * (05). Habitation (Sud), 1840.

18/ Val-des-Prés (05), rte D 94 g. Habitation (Est-130), 1843.

19/ Thorame-Haute (04), rte D 52, Haut-Verdon. Sur la place, cadran dit "occidental", environ 1815.

20/ Serennes (déjà cité). Habitation à la sortie du village (Sud), environ 1840 (Zarbula).

21/ Le-Villard-de-Vallouise * (05), près Vallouise, cadran oriental (Est), 1869.

22/ Les Tancs (05), rte D 942, près Valserres. Habitation (Sud), 1854.

23/ Saint-Martin-de-la-Brasque (84), rte D 27, centre village (Ouest), environ 1850.

24/ Hauteluce (73), rte D 218, N-Est d'Albertville. Eglise (Sud-Sud-Ouest), 1827.

25/ Saint-Cézaire-sur-Siagne (06), Ouest de Grasse, rue du Château-d'eau (Sud-Sud-Ouest-240), 1845.

26/ Fontenil (05), Bourg de Briançon. Eglise (Sud), 1834.

27/ Colmars-les-Alpes (04), Haut-Verdon, place du village (Sud-Sud-Est-140).

28/ Prelles (05), rte N 94. Bâtiment communal (Est-210), 1845, restauré 1984.

29/ Plampinet (05), rte D 94 g. Eglise (Sud-200), 1823.

30/ Saint-Dalmas-le-Selvage * (06), rte D 63, Haute-Tinée. Place du village (Sud), 22 septembre 1844.

31/ Aime (73), rte N 90. Rue principale (Sud) (p. 31).

32/ Aiguilles (05), rte D 947. Place du village (Sud-160), 1838.

33/ Saint-Dalmas-le-Selvage (voir ci-dessus). Habitation (Sud), 22 mars 1880 (devise en anglais).

34/ Saint-Alban-des-Villars (73), rte D 927 Sud-Ouest de La Chambre. Presbytère (Sud-210).

35/ Arvieux (05), rte D 902. Habitation (Sud), 1845.

36/ Thyl (73), Nord-Est de Saint-Michel de Maurienne. Habitation (Sud).

37/ Prelles (05), (voir ci-dessus). Habitation (Sud-150), 1883, restauré en 1950.

38/ Fouillouse * (04), Nord-Est Saint-Paul-sur-Ubaye. Habitation (Sud), 1803 ou 1805 (?).

39/ Saint-Véran * (05), (voir plus haut), rue principale (Sud).

40/ Saorge * (06), rte N 204, D 38. Monastère (Sud), 1700.

41/ Saint-Etienne-de-Tinée (06), rte N 205, Centre ville (Sud).

42/ Cucuron * (84), Nord-Est de Cadenet. Domaine agricole (Sud), 1965.

43/ Plampinet (05), (voir plus haut). Habitation (Sud-240), 1829.

44/ Maljasset * (04), (cf. Combremond). Habitation (Sud), 1860.

45/ Faucon-de-Barcelonnette * (04). Eglise (Sud), 1878.

46/ Chamandrin (05), Sud de Briançon. Habitation sur N 94 (Est-120), 1899.

47/ Cervières (05), Sud-Est de Briançon N 902. Mairie (Sud-Sud-Est), restauré 1983.

(*) Indique qu'il y a un ou plusieurs autres cadrans (non photographiés) dans la même localité.

TABLE DES MATIERES

Cet ouvrage a été achevé d'imprimer
sur les presses de l'Imprimerie - F.lli Pagano - Campomorone (Genova) - Italy

aux derniers jours
du mois de fevrier

«Après l'heure finie, l'infini»

Dépôt légal: 1 trimestre 1985